Bibliothek des Radio-Amateurs 18. Band
Herausgegeben von **Dr. Eugen Nesper**

Das Fehlerbuch des Radioamateurs

Von

Ing. Siegmund Strauß

Mit 75 Textabbildungen

Berlin
Verlag von Julius Springer
1925

ISBN-13: 978-3-642-89101-4 e-ISBN-13: 978-3-642-90957-3
DOI: 10.1007/978-3-642-90957-3

Zur Einführung der Bibliothek des Radioamateurs.

Schon vor der Radioamateurbewegung hat es technische und sportliche Bestrebungen gegeben, die schnell in breite Volksschichten eindrangen; sie alle übertrifft heute bereits an Umfang und an Intensität die Beschäftigung mit der Radiotelephonie.

Die Gründe hierfür sind mannigfaltig. Andere technische Betätigungen erfordern nicht unerhebliche Voraussetzungen. Wer z. B. eine kleine Dampfmaschine selbst bauen will — was vor zwanzig Jahren eine Lieblingsbeschäftigung technisch begabter Schüler war — benötigt einerseits viele Werkzeuge und Einrichtungen, muß andererseits aber auch ein guter Mechaniker sein, um eine brauchbare Maschine zu erhalten. Auch der Bau von Funkeninduktoren oder Elektrisiermaschinen, gleichfalls eine Lieblingsbetätigung in früheren Jahrzehnten, erfordert manche Fabrikationseinrichtung und entsprechende Geschicklichkeit.

Die meisten dieser Schwierigkeiten entfallen bei der Beschäftigung mit einfachen Versuchen der Radiotelephonie. Schon mit manchem in jedem Haushalt vorhandenen Altgegenstand lassen sich ohne besondere Geschicklichkeit Empfangsresultate erzielen. Der Bau eines Kristalldetektorenempfängers ist weder schwierig noch teuer, und bereits mit ihm erreicht man ein Ergebnis, das auf jeden Laien, der seine ersten radiotelephonischen Versuche unternimmt, gleichmäßig überwältigend wirkt: Fast frei von irdischen Entfernungen, ist er in der Lage, aus dem Raum heraus Energie in Form von Signalen, von Musik, Gesang usw. aufzunehmen.

Kaum einer, der so mit einfachen Hilfsmitteln angefangen hat, wird von der Beschäftigung mit der Radiotelephonie loskommen. Er wird versuchen, seine Kenntnisse und seine Apparatur zu verbessern, er wird immer bessere und hochwertigere Schaltungen ausprobieren, um immer vollkommener die aus dem Raum kommenden Wellen aufzunehmen und damit den Raum zu beherrschen.

Diese neuen Freunde der Technik, die „Radioamateure", haben in den meisten großzügig organisierten Ländern die Unterstützung weitvorausschauender Politiker und Staatsmänner gefunden unter dem Eindruck des universellen Gedankens, den das Wort „Radio" in allen Ländern auslöst. In anderen Ländern hat man den Radioamateur geduldet, in ganz wenigen ist er zunächst als staatsgefährlich bekämpft worden. Aber auch in diesen Ländern ist bereits abzusehen, daß er in seinen Arbeiten künftighin nicht beschränkt werden darf.

Wenn man auf der einen Seite dem Radioamateur das Recht seiner Existenz erteilt, so muß naturgemäß andererseits von ihm verlangt werden, daß er die staatliche Ordnung nicht gefährdet. Der Radioamateur muß technisch und physikalisch die Materie beherrschen, muß also weitgehendst in das Verständnis von Theorie und Praxis eindringen.

Hier setzt nun neben der schon bestehenden und täglich neu aufschießenden, in ihrem Wert recht verschiedenen Buch- und Broschürenliteratur die „Bibliothek des Radioamateurs" ein. In knappen, zwanglosen und billigen Bändchen wird sie allmählich alle Spezialgebiete, die den Radioamateur angehen, von hervorragenden Fachleuten behandeln lassen. Die Koppelung der Bändchen untereinander ist extrem lose: jedes kann ohne die anderen bezogen werden, und jedes ist ohne die anderen verständlich.

Die Vorteile dieses Verfahrens liegen nach diesen Ausführungen klar zutage: Billigkeit und Möglichkeit, die Bibliothek jederzeit auf dem Stande der Erkenntnis und Technik zu erhalten. In universeller gehaltenen Bändchen werden eingehend die theoretischen Fragen geklärt.

Kaum je zuvor haben Interessenten einen solchen Anteil an literarischen Dingen genommen, wie bei der Radioamateurbewegung. Alles, was über das Radioamateurwesen veröffentlicht wird, erfährt eine scharfe Kritik. Diese kann uns nur erwünscht sein, da wir lediglich das Bestreben haben, die Kenntnis der Radiodinge breiten Volksschichten zu vermitteln. Wir bitten daher um strenge Durchsicht und Mitteilung aller Fehler und Wünsche.

Dr. Eugen Nesper.

Vorwort.

Jeder echte Radioamateur möchte seinen Apparat nicht nur nach den Anweisungen des Verkäufers, die leider selten vollständig sind, benützen, sondern hat naturgemäß das ernste Bestreben, ihn in allen seinen Teilen und in seiner Wirkungsweise möglichst gründlich kennenzulernen. Dieses Bestreben wird um so mehr gelten, falls er sich etwa seinen Apparat selbst zusammengebaut hat. Eine solche Einstellung entspringt dem ästhetischen Genuß, der aus der Erkenntnis der Wirkungsweise jeder physikalischen Anordnung erwächst, und ist auch praktisch, weil nur diese tiefergehende Erkenntnis ihn befähigt, das Beste aus der jeweilig vorliegenden Radioanordnung herauszuholen. Vor allem aber muß ihm daran liegen, alle im Betriebe auftretenden Störungen, Mängel, Geräusche usw. möglichst rasch und gründlich zu beseitigen, um eine vollkommene Wirkungsweise seiner Apparatur zu erzielen.

Das vorliegende Fehlerbuch des Radioamateurs stellt es sich nun zur Aufgabe, in möglichst übersichtlicher Form und nach dem altbewährten Schema von Frage und Antwort dem Amateur Gelegenheit zu bieten, in die Materie so weit einzudringen, daß bei ihm, falls der Empfang ausbleibt oder unvollkommen ist, das Gefühl der Verlassenheit und Hilflosigkeit nicht mehr aufkommen kann, vielmehr dem der Sicherheit weicht, er werde die Hindernisse an der Hand dieses Büchleins überwinden können. So glaube ich besonders den Wünschen von Anfängern und weniger Bewanderten entgegen zu kommen, die angeleitet werden, beim Fehlersuchen die Mängel rasch zu finden und schleunigst zu beseitigen. Die Fragen sind in der Inhaltsangabe übersichtlich zusammengefaßt.

Es ist mir eine angenehme Pflicht, meinem Assistenten Herrn Ing. Max Offner für seine verständnisvolle Unterstützung meinen besten Dank zu sagen.

Wien, im Juli 1925.

Ing. Siegmund Strauß.

Inhaltsverzeichnis.

B. Empfangsgeräte mit Verstärkerröhren.

Einleitung.

Auf zwei Hauptgrundsätze hat der Radio-Amateur immer wieder unbedingt und in erster Reihe zu achten, will er sich vor Mißerfolgen schützen. Diese sind die Sorge für gute und erstklassige Isolation aller Einzelteile untereinander, wie auch von der gemeinsamen Grundplatte und sonstigen Apparatteilen, ferner für überall gute und zuverlässige Verbindungen, mit anderen Worten die Vermeidung von unsicheren Kontakten, Wackelkontakten, insbesondere auch an Röhrensockeln, Bananensteckern und dgl. Solche Fehler unterlaufen selbst Erfahrenen und sind nicht immer leicht auffindbar. Ein Hauptgesichtspunkt ist auch bei der Fehlersuche, streng systematisch vorzugehen und sich zur Ruhe zu zwingen, also ja keine Nervosität aufkommen zu lassen. Es hat keinen Sinn, irgendwelche Einzelteile aufs Geratewohl zu untersuchen, ziellos an Drehknöpfen zu hantieren, bei Detektorapparaten den Kristall zu zerkratzen usw., vor allem also Systematik und Ruhe!

Alle Radiobestandteile, insbesondere auch die äußeren Platten und dgl. sind peinlich staubfrei zu halten bzw. täglich abzustauben. Staub ist der größte Feind des Empfängers!

Es sei zunächst ein kurzes Verzeichnis jener hauptsächlichsten Werkzeuge und Hilfsmittel gegeben, die der Radioamateur benötigt, und zwar sind zunächst jene Hilfsmittel angeführt, die in erster Linie wünschenswert sind. In zweiter Linie kommen jene Anordnungen, Meßinstrumente und dergl. in Betracht, die in weiterer Ausgestaltung der Arbeitsmittel angeschafft bzw. angefertigt werden sollen:

1. Anschaffung:

Schraubenzieher
Flachzange
Rundzange
Lötkolben mit Zubehör
Gasbrenner
Kleine Handbohrmaschine

Spiralbohrer verschiedenen Durchmessers
Rundfeilen
Flachfeilen
Körner
Honigwaben- oder Flachspulen verschiedener Größe
Isolierte Drähte
Schnüre
Stecker samt Hülsen lt. Abb.[1])
Blockkondensatoren 100, 200, 300 und 2000 cm
Je ein Drehkondensator 500 und 1000 cm (möglichst mit Eichkurve der Lieferfirma).

[1]) Für Versuchszwecke empfiehlt es sich, Stecker und Hülsen lt. Abb. 1 und 1a bereit zu halten, die sich bei uns bestens bewährt haben. Die Hülse aus Messingrohr 4 mm lichter Weite wird in der Mitte aufgeschlitzt, die eine

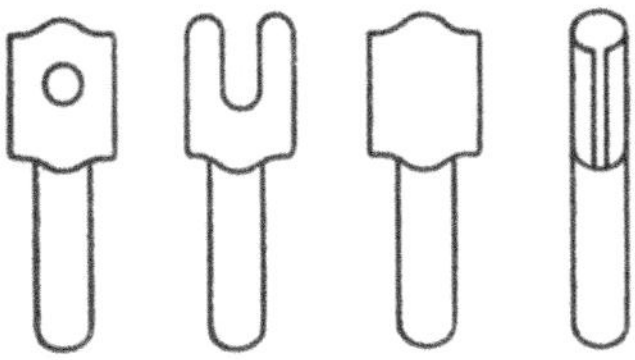

Abb. 1. Hülsen für Versuchszwecke.

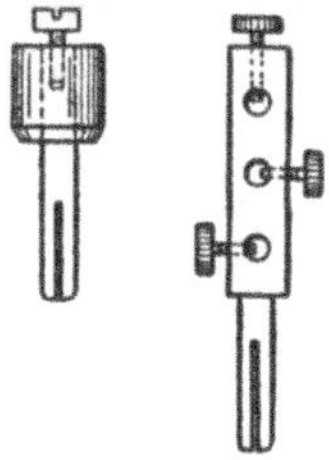

Abb. 1a. Stecker f. Versuchszwecke.

Hälfte weggeschnitten, die andere plattgedrückt und entweder mit einer 4 mm Durchmesser-Öffnung oder einem ebenso breiten Schlitz versehen. Die Stifte werden aus 4 mm rundem Messingdraht lt. Abb. 1a hergestellt und geschlitzt, so daß sie mit Reibung in die Hülsen passen, und auf der anderen Seite des Stiftes wird ein Gewinde von 3 mm Durchmesser eingeschnitten, ein Holzklötzchen aufgedrückt und mit Schraube und Unterlagscheibe versehen. Als weiterer Behelf für Versuchsschaltungen haben sich bei uns Klammern lt. Abb. 2 bestens bewährt. Dieselben bestehen aus Tombakorgelblech, 0,4 mm Dicke, der zugeschnittene platte Streifen wird in der Mitte abgebogen und ineinander gelegt. Der Litzendraht wird in einem Loch an der Seite oder Mitte des Bleches angenietet, aber nicht angelötet, damit das Material durch die Löthitze nicht seine Spannung verliert. Der Vorzug dieser Klammern ist ihre große Kontaktfläche und ihre große Bequemlichkeit (Handlichkeit) bei Versuchsschaltungen.

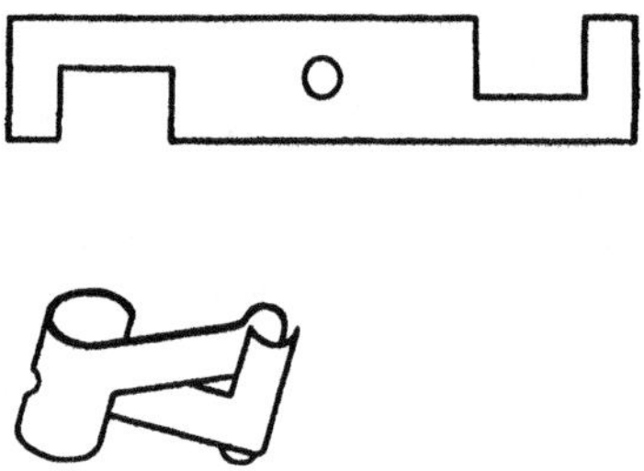

Abb. 2. Klemmen für Versuchszwecke.

2. Anschaffung:

Summer oder Wecker
Glimmlampe oder Edelgassicherung
Hartgummiplatten 3 mm, 6 mm, 8 mm
Litzendraht, blanker Cu-Draht, 1 mm, $1^1/_2$ mm
Taschenbatterie
Wabenspulen mit verschiedenen Windungszahlen
Stecker dazu
Weitere Ergänzungen ergeben sich aus den jeweiligen Fragebeantwortungen.

A. Nahempfänger.

1. Wie wird ein Detektorempfänger in Tätigkeit gesetzt?

Nach Anschaltung der Antenne und Erde und Anlegen des Hörers ans Ohr wird der Detektor vorsichtig eingestellt, zu einer Zeit, wo der Lokalsender bekanntermaßen im Betriebe ist. Beim Aufsetzen der Detektorspitze vernimmt man ein leichtes kratzendes Geräusch, sobald die Senderwellen den Empfangsapparat bzw. dessen Antenne treffen. Bleibt nach wiederholtem Abtasten des Detektorkristalls dieses leise Geräusch aus, dann ist an die systematische Untersuchung der Empfangsstation zu schreiten.

2. Wie wird die Antenne geprüft?

Ob es sich nun um eine Hoch-, Zimmer- oder sonstige Antenne handelt, die Hauptsache ist die Überprüfung der Antenne möglichst in allen ihren Teilen durch genaue Besichtigung. Sie muß vor allem erstklassig isoliert sein (durch Zwischenschaltung von Porzellanisolatoren, Eierketten, Isolierrollen usw.), und sie muß von Mauern, Vorsprüngen, Dachteilen usw. möglichst abstehen. Bei Hochantennen beträgt der Mindestabstand 1—2 m. Vor allem ist auf einwandfreie und kapazitätsarme Einführung der Zuleitung in das Zimmer zu achten (durch Porzellanpfeifen, Glasrohre usw.). Außerdem muß die Zuführung entweder von dem einen blanken Ende aus, und zwar möglichst ohne Drahtunterbrechung, oder von der genauen Mitte des leitenden Antennenteils aus geschehen. Abzweigung von irgendeiner Zwischenstellung ergibt verminderten Empfang, häufig auch Mehrwelligkeit, weil dann jeder Teil für sich eine Eigenwelle besitzt.

Bei der Einführung ist eine Pfeife außen derart anzubringen, daß Regenwasser nicht eindringen kann. Stückelungen des Antennendrahtes, der aus $1-1^1/_2$ mm blankem Siliziumbronzedraht (nicht aber aus Litze) bestehen soll, einschließlich des Zuführungsdrahtes müssen gelötet sein, um den dauernd einwandfreien Empfang zu sichern. Wird doch Litze verwendet, dann soll, falls eine Lötstelle unvermeidlich ist, diese in folgender Weise hergestellt werden: Die reinen Enden werden verdrillt und mit Kupferbindedraht von $^1/_2$ mm Stärke umwickelt. Hierauf wird in einem Schälchen Zinn geschmolzen. Die verdrillten Enden werden kurze Zeit hineingehalten und sofort mit kaltem Wasser beschüttet. Auf diese Weise wird eine Erhitzung des Litzendrahtes vermieden, die eine Festigkeitsverminderung zur Folge hätte. Weitere Antennenprüfungen siehe Fragen 12 u. 21.

3. Welche hauptsächlichsten Antennenarten gibt es und worauf kommt es bei diesen an?

Nebst der Hochantenne spielen eine immer größere Rolle die verschiedenen Arten der Zimmerantenne, Fensterantenne, Klingelleitung, sowie in letzter Zeit Starkstromkondensatoren zum Anschluß an die Lichtleitung als Antennenersatz. Als Hochantenne wirkt auch schon ein in etwa 5 m Höhe gespannter einfacher aber gut isolierter Leitungsdraht bei guter Erde. Die einfachste Zimmerantenne, die besonders vorteilhaft in einem langen Gang, Korridor usw. angebracht wird, besteht aus zwei parallel gespannten Litzendrähten von etwa 50 cm Abstand, an allen Enden mit Porzellanrollen in Abständen von 20 cm von den Wänden abisoliert. Sie wird entweder genau in der Mitte oder an einem Ende miteinander verbunden und zur Empfangsstation geleitet. Als Zimmerantenne empfiehlt sich ein meanderartig geführter dünner Litzendraht, der gegebenenfalls durch mehrere Zimmer und dgl. gelegt wird (Wohnungsantenne, Abb. 3). Der Empfänger kann an eine beliebige Stelle angeschlossen werden. Der Hauptgesichtspunkt für sämtliche Antennenführungen ist, daß

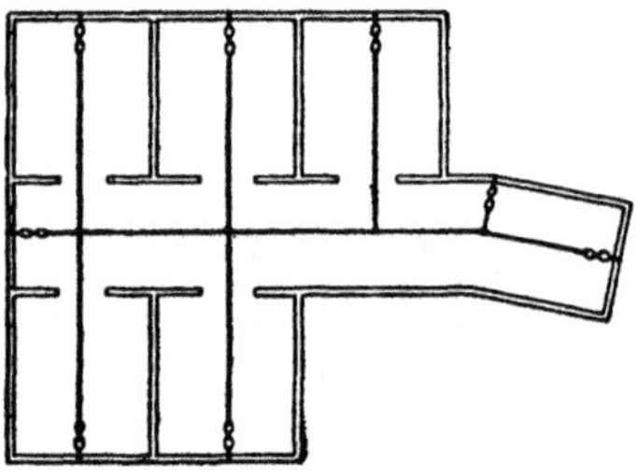

Abb. 3. Wohnungsantenne.

immer ein größerer Abstand (von etwa 20 cm) von Mauern, Vorsprüngen, Türen, Fenstern eingehalten wird, weil diese als kapazitiver Nebenschluß die Empfangslautstärke bedeutend herabmindern. Deshalb empfiehlt es sich, an jenen Stellen, wo eine Berührung oder Durchquerung der Mauer usw. unvermeidlich ist, senkrecht zu ihr und auf dem kürzesten Wege die Leitung zu führen und in gleicher Weise Tor- bzw. Fensterstöcke zu durchsetzen. Eine mancherorts beliebte Zimmerantenne, die rhombenartig gewissermaßen als wagrechter Rahmen gespannt ist und leicht und infolge der Drähte und Perlen kaum sichtbar angebracht werden kann, ist die Rhomboantenne[1]). Häufig kann auch der durchlaufende Leiter einer Klingelleitung als Antenne dienen. Wird die Lichtleitung als Antenne benutzt, dann müssen ein oder mehrere durchschlagsichere Kondensatoren vorgeschaltet werden (Durchschlagspannung über 1500 Volt), die gleichzeitig antennenverkürzend wirken. Je nach den örtlichen Verhältnissen ist die Wahl des geeigneten Poles und die Größe des Kondensators auszuprobieren.

Fensterantenne. Ein etwa 1 m vor den Fenstern wagrecht und isoliert gespannter Draht ist oft ein sehr brauchbarer Antennenersatz; ebenso wenn etwa ein oder zwei Drähte von einem Balkon zum nächsten gespannt sind. Große Metallkörper können gleichfalls als Antennenersatz dienen, z. B. Bettmatratzen, eiserne Öfen, Klaviere und vor allem mit Vorteil die blecherne Schutzverkleidung von Hausgesimsen, sowie eiserne Treppengeländer. Die Hauptsache ist, daß die Antenne mit möglichst kleinem Übergangswiderstand zum Empfänger geleitet wird.

4. Wie wird der Antennenerdungsschalter auf Isolation geprüft?

Man überzeugt sich, ob die Zuführung verläßlich zum Antennenschalter geführt ist, der nahe der Einführung in die Wohnung angebracht wird, ob alle Verbindungen fest sitzen und ob der Hebel richtig umgelegt ist und in allen Teilen Kontakt hat. Der Empfangsapparat kommt selbstverständlich zwischen Zuführung und Erdverbindung zu liegen. Ferner überzeugt man sich, ob die zum Antennenschalter gehörige Blitzschutzvorrichtung bzw. Neonsicherung nicht etwa eingeschaltet ist. Der Antennenerdungs-

---

[1]) System Arthur Lion, Wien I, Kolowratring 10.

schalter und die Blitzschutzsicherung müssen ausgezeichnete Isolation aufweisen. (Am besten nur Porzellan und nicht etwa häufig angebotenes Preßmaterial mit zweifelhaften Isolationswerten, welche die Lautstärke oft ganz außerordentlich herabsetzen!)

5. Was ist bei der Erdverbindung besonders zu beachten?

Die Zuleitung zur Erdverbindung, am besten zu der Wasserleitung, soll so kurz als möglich geführt sein und einige Zentimeter von Wänden und Gegenständen abstehen, um Störungen aus der Lichtleitung einzudämmen. Auf sicheren Anschluß beim Erdungsschalter ist zu achten, um so mehr auf sichere Verbindung mit dem Wasserleitungsrohr. Dabei empfiehlt es sich, das Bleirohr auf jener Seite zu benutzen, die zunächst dem Wasserzuflusse gelegen ist, die Stelle rein zu halten (abschmirgeln) und hierauf erst den Draht in vielen Windungen aufzubringen. Im Notfalle genügt auch eine Schelle aus einem Messingstreifen von mindestens etwa 2 cm Breite, desgleichen kann mit Vorteil ein etwa 10 cm breiter Messingstreifen von 0,5 mm Stärke um das Wasserleitungsrohr mehrmals fest herumgelegt werden, wobei vorher das Rohr geteert wurde. In diesem Falle muß der Zuführungsdraht unbedingt an den Messingstreifen angelötet sein. Es bilden dann Rohr und Streifen einen Kondensator, wobei der Teeranstrich das Dielektrikum darstellt. Durch diesen Kondensator in der Erdrückleitung werden häufig Starkstromgeräusche gemildert.

6. Wie ist ein Gegengewicht beschaffen und sind dessen Mängel zu beseitigen?

Dort, wo die Erde „unruhig“ ist, d. h. wo störende Geräusche in starkem Maße auftreten, lassen sie sich nicht selten durch eine „künstliche Erde“ oder ein Gegengewicht beseitigen. Das Gegengewicht besteht bei Radioempfangsapparaten am besten aus einem Drahte, der im Abstand von etwa 20 cm von den Wänden in einem tiefer gelegenen Zimmer (Erd- oder Untergeschoß, Keller), so gespannt ist, daß die Drähte nirgends die Wand berühren. An irgendeiner Stelle ist die Zuleitung angelötet.

7. Wie wird der Kopfhörer geprüft?

Die Endstifte werden in Essig- oder Salzwasser, und zwar plötzlich eingetaucht und rasch herausgezogen, worauf ein leises kratzendes Geräusch zu hören sein muß. Die gleiche Erscheinung muß auftreten, wenn der eine Stift oder der eine Pol des Kopfhörers die Zunge und der andere Pol entweder eine metallene Zahnplombe oder einen Ring des Prüfenden berührt. Auch ein Wassertropfen auf ein Geldstück gebracht und mit dem einen Telephonende verbunden, dessen anderes Ende an das trockene Metallstück gelegt ist, muß ein leises kratzendes Geräusch im Hörer verursachen. Ist dieses nicht wahrnehmbar, so liegt entweder ein Drahtbruch vor, oder die Membrane liegt an den Polschuhen an. Bei Abgleiten des Fingernagels von der Hörmuschel auf die Membrane muß ein kurzes lautes Knacken vernehmbar sein, als Beweis, daß die Membrane nicht die Polschuhe berührt. Der richtige Abstand von diesen ist gewöhnlich durch einen zwischengelegten Papierring herbeigeführt. Meist ist die Membrane, wenn sie anliegt, ein wenig durchgebogen. Dann wird der Fehler durch verkehrtes Auflegen derselben behoben. Geringe Lautstärke ist häufig auf ein Nachlassen des Dauermagneten zurückzuführen. Daher stets Hörer und besonders Lautsprecher richtig polen! Oft benützte Kopfhörer, an deren Schnüren häufig gezogen, wenn nicht gar gerissen worden ist, weisen den Fehler auf, daß die Litzen entweder unterbrochen sind oder zeitweise zu einer Litze des zweiten Leiters durchschlüpfen. In diesem Falle entsteht ein schädlicher und unsicherer Nebenschluß zwischen beiden Polen, die zur Herabsetzung der Lautstärke bis zum Versagen des Hörers, am häufigsten aber zu sehr unangenehmen Störgeräuschen führt. Man erkennt solche Fehler am besten dann, wenn die Schnur bei angelegtem Hörer bewegt wird. Auch beim Hörer bzw. dessen Schnurenden bzw. Hörerbuchsen oder Klemmen ist auf einwandfreie Kontakte besonders zu achten.

8. Wie wird der zum Kopfhörer meist parallelgeschaltete Blockkondensator geprüft?

Dieser Kondensator, der eine Kapazität von etwa 2000 cm aufweist, hat den Zweck, die Hochfrequenzströme auf dem kürzesten Wege abfließen zu lassen. Er kann in den meisten Fällen weggelassen werden, besonders wenn längere Hörerschnüre benutzt werden, deren Eigenkapazität den gleichen Dienst leistet. Der Blockkondensator wird einige Sekunden an die Pole einer oder mehrerer hintereinandergeschalteter Taschenbatterien gelegt. Auf diese Weise ist der Kondensator aufgeladen worden.

Nach einer halben Minute werden die beiden Enden des Kopfhörers mit den Kondensatorklemmen berührt, die vorher von der Batterie entfernt wurden, worauf im Hörer ein Knacken hörbar sein muß, das von der über den Hörer entladenen Elektrizitätsmenge herrührt. Ist das Knacken nicht vernehmbar, dann ist der Kondensator mangelhaft. Zu große Kondensatoren schwächen die Lautstärke.

9. Wie wird die Spule des Detektorempfängers geprüft?

Diese Spule hat die Aufgabe, den ganzen Empfangsstrom aufzunehmen, sie soll also eine möglichst große Selbstinduktion aufweisen. An ihren beiden Enden muß somit ein möglichst großer Spannungsabfall entstehen. Bei einer Schiebespule ist daher nicht nur auf einwandfreie Isolation der Windungen untereinander zu achten, sondern auch, daß die Schiebekontakte wirklich verläßlichen Kontakt herbeiführen. Alle Kontakte, insbesondere auch die Ableitung der Schiebekontakte von den übrigen (toten) Verbindungen müssen einwandfrei isoliert sein. Bei Honigwaben- und Flachspulen ist besonders dafür zu sorgen, daß die Stifte verläßlich in den Buchsen sitzen. Wenn nötig, sind die geschlitzten Stifte mit einem Messer etwas auseinanderzuzwängen (Prüfung mit dem Summer siehe 13 u. 14). Alle Verbindungen innerhalb der Detektorempfänger sollen einwandfrei verschraubt oder verlötet sein. Verdrillte Drahtverbindungen sind nachzulöten, da ihre Berührungen bei Runddrähten theoretisch nur punktweise bzw. längs einer Zylindererzeugenden erfolgen. Deshalb sind solche Verbindungen als unsicher zu bezeichnen.

10. Was ist beim Detektor besonders zu beachten?

Auf gute Kontakte mit den Zuführungen sowie auf Reinheit der Kristalloberfläche ist zu sehen. Letztere darf nicht mit dem Finger berührt werden. Eventuell empfiehlt sich Abtupfen derselben mit in Alkohol oder Äther getauchter Watte. Die Metall- oder Kristallspitze muß vor dem Neuaufsetzen immer wieder abgehoben werden, damit ein Kratzen der Kristalloberfläche vermieden wird. Natürliche Kristalle weisen öfters taube oder weniger empfindliche Stellen auf. Synthetisch hergestellte wirken gleichmäßiger. Bei Bedarf läßt sich eine neue Kristalloberfläche durch Absplittern mit einem Messer schaffen.

11. Wie werden Isolationsfehler und Unterbrechungsstellen mittels einer Glimmlampe festgestellt?

Abb. 4 zeigt, wie die Glimmlampe an ein Gleichstromlichtnetz geschaltet wird und zwei Stellen *a*, *b* derselben zu den zu prüfenden Stellen geführt werden. Werden die Stellen *a* und *b* miteinander verbunden, dann muß die Glimmlampe voll aufleuchten. Werden die Punkte *a* und *b* an die zu prüfenden Leiter gelegt, dann bedeutet ein ebenso starkes Aufleuchten vollen Kontakt bzw. geringen Widerstand der geprüften Teile. Bei Apparatteilen, von denen höhere Isolation verlangt werden muß, beispielsweise bei Block- und Drehkondensatoren, darf bei einwandfreier Isolation auch nicht ein sehr schwaches und teilweises Leuchten der Glimmröhre übrig bleiben.

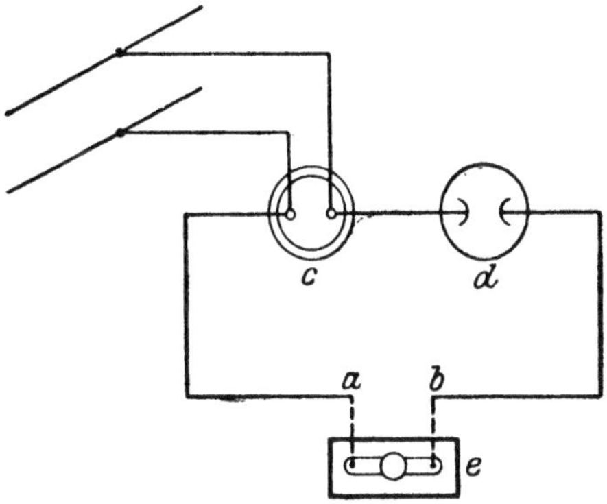

Abb. 4. Isolations- und Kontaktprüfung mittels Glimmlampe.

Sollte nur Wechselstrom zur Verfügung stehen, dann müssen zwei hintereinander geschaltete Anodenbatterien zu dieser Probe benutzt werden. Sollte z. B. bei Drehkondensatoren oder bei verstaubten Blockkondensatoren ein geringes flackerndes Aufleuchten eintreten, so bedeutet dies Staubschluß bzw. ungenügende Isolation. Die Abhilfe bei Drehkondensatoren besteht in kräftigem Ausblasen der Plattenzwischenräume.

12. Wie werden Widerstände, Isolationen bzw. Kapazitäten, auch jene von Antenne—Erde, mittels der Glimmlampe gemessen?

Ein einfaches Glimmlampenprüfgerät wird lt. Abb. 5 am besten dauernd zusammengestellt, da es vielfache Dienste leistet. An das Gleichstromlichtnetz *B* (oder an zwei hintereinandergeschaltete Anodenbatterien) wird über den Widerstand *R*, der vorerst aus einem nassen $1^1/_2$ m langen Bindfaden besteht, die Glimmlampe *Gl* geschaltet. Parallel zu dieser Lampe liegt einerseits der Hörer *H*, anderseits bei Stellung 1 bzw. 2 jeweils der zu prüfende Kondensator, wobei Schalter 4 geschlossen sein muß. Wird Schalter 3 geschlossen, so liegen Hörer und Kondensator parallel zum Widerstand R. Dann wird infolge der zum Aufleuchten der Glimmlampe erforderlichen Zündspannung und weil der Strom immer wieder eine gewisse Zeit braucht, um den hohen Widerstand des nassen Bindfadens (oder Silitstab 1 Megohm) zu überwinden, ein Ticken im Hörer auftreten, das bei abnehmendem Widerstand als Rasseln hörbar ist, welches in Tonfrequenz(Pfeifton)übergeht. Der Bindfaden wird durch Anlegen und Verschieben des einen Kontaktes an demselben verkürzt bzw. verlängert, wobei der Ton höher bzw. tiefer wird. Auf diese Weise gelingt es, die günstigste Tonfrequenz einzustellen und durch Ersatz des zu prüfenden Widerstandes durch einen solchen bekannter Größe und Einstellen auf den gleichen Ton den ersteren recht genau und einfach zu messen. $R = Rx$. Zugleich ist damit aber auch eine sehr bequeme und genaue Meßmethode zur Bestimmung einer Kapazität geschaffen, indem bei gleichgebliebenem Widerstand R der Ton zuerst bei Hebelstellung 1 von der zu prüfenden Kapazität abgehört und hierauf bei Hebelstellung 2 der Eichdrehkondensator C auf die möglichst gleiche Tonfrequenz nachgestellt wird. Dann ist

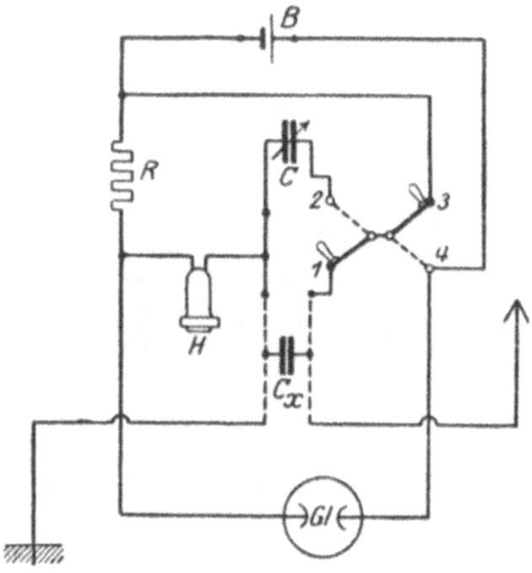

Abb. 5. Glimmprüfgerät.

$$C = Cx.$$

Falls die Glimmlampe dauernd hell brennen sollte, weist der Kondensator bzw. der Widerstand einen mehr oder weniger großen Kurzschluß auf. Die Kapazität von Antenne—Erde wird so behandelt, wie eine unbekannte Kapazität, indem die Antenne—Erde an Cx gelegt wird. Ist die Isolation eines Kondensators zu prüfen, dann wird derselbe an C bzw. Cx gelegt und diese Kapazität durch Umschalten von 3 auf 4 einerseits parallel dem Widerstand R, anderseits parallel zur Glimmlampe geschaltet. Bei einwandfreier Isolation des Kondensators muß in beiden Hebelstellungen der nämliche Ton zu hören sein. Hingegen bewirkt der Isolationsfehler des Kondensators z. B. bei Hebelstellung 3 eine Verkleinerung des Widerstandes R, da der Isolationsfehler parallel zu R liegt. Der Ton wird in diesem Falle höher sein als in Stellung 4.

Soll die Kapazität der Antenne gegen Erde gemessen werden, dann schaltet man nach Abb. 5 statt des Kondensators Cx Antenne—Erde. Wird die Glimmlampe aus einem Gleichstromnetz gespeist, dann genügt die Anschaltung der Antenne allein (also ohne Erde), und zwar an den nicht geerdeten Netzleiter.

13. Woraus besteht der Summerkreis und wie wird er gehandhabt?

Der Summerkreis besteht aus einer Taschenbatterie B, dem Summer S, einer Spule H (Honigwaben-) und einem Ausschalter T, alles hintereinandergeschaltet lt. Abb. 6. Als Summer S kann im Notfalle eine gewöhnliche elektrische Klingel verwendet werden, deren Glocke, Klöppel und Klöppelstange entfernt wurden. Der schwere Anker wird mit Vorteil durch eine bloße harte Feder ersetzt, die entsprechend abgebogen ist, um den Summerton möglichst hoch zu wählen. Es empfiehlt sich, zur Verringerung der Funkenbildung, daß zur Summerspule eine zweite, bifilar gewickelte Spule S_1 von 3—7 Ohm parallelgeschaltet wird. Als Ausschalter (Abb. 7) ist eine oberhalb eines Kontaktes angebrachte Feder vorteilhaft, so daß auch Morsezeichen getastet werden können. In der Stellung 2 ist der Kontakt dauernd geschlossen, in der Stellung 1 nur bei Tasterdruck. Im ersteren Falle tönt der Summer dauernd, wenn er richtig eingestellt ist. Die richtige Wahl der Spule H wird den beiden Tabellen auf Seite 53 entnommen.

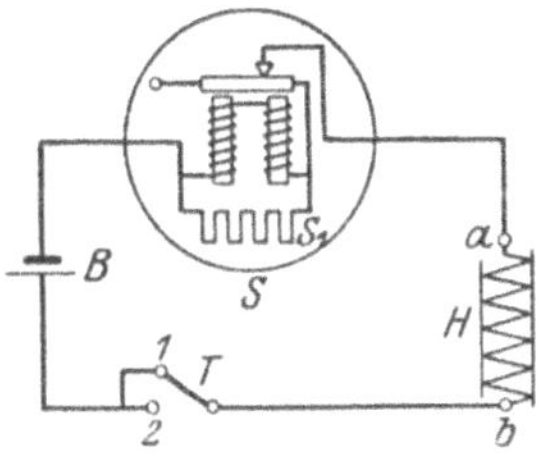

Abb. 6. Summerkreis.

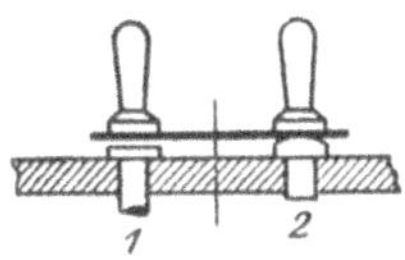

Abb. 7. Hebelschalter zum Tasten.

14. Wie wird ein Detektorempfänger mit dem Summerkreis untersucht?

Der Summerkreis wird eingeschaltet und der Antenne genähert, bis der Summerton im Kopfhörer deutlich, aber nicht zu laut wahrnehmbar ist. Um festzustellen, inwieweit der Summerton unmittelbar (akustisch) durch Schallwellen übertragen wird, zum Unterschiede von jenem Summertone, der durch die Beeinflussung der Antenne bzw. der Schiebespule entsteht, wird die Detektorspitze vom Kristall abgehoben. Im letzteren Falle bleibt nur der akustisch wahrnehmbare Ton übrig, und um diesen möglichst zu verringern, empfiehlt es sich, den Summer auf Filz zu stellen und in einem Kästchen unterzubringen. Maßgeblich für die Prüfung ist natürlich nur der durch elektrische Übertragung wahrgenommene Summerton. Um festzustellen, ob der Empfang selbst in Ordnung ist, wird sowohl Antenne wie Erde abgeschaltet. Dann muß bei gut funktionierendem Detektor der elektrisch übertragene Summerton deutlich wahrnehmbar sein. Ist letzteres nicht der Fall, dann ist entweder die betreffende Kristallstelle mangelhaft, die Spitze unsauber oder abgenutzt, oder es besteht an irgendeiner Stelle eine Unterbrechung im Apparat. Um die Unterbrechungsstelle aufzufinden, werden die beiden Prüfenden *a* und *b* des Summerkreises (Abb. 6) bei abgehobener Wabenspule an die Selbstinduktionsspule des Detektorempfängers angelegt, und zwar bei abgeschaltetem Hörer. Der Summer muß nun, wenn keine Unterbrechungsstelle in der Spule besteht, arbeiten. Soll der Detektorkreis auf fehlerhafte Kontakte oder Unterbrechungen untersucht werden, dann werden unter den bzw. die Schieber der Selbstinduktionsspule Papierstückchen gelegt, um diese von der Spule vorübergehend abzuisolieren. Wurde der Detektor selbst, sowie die beiden Hörerklemmen durch Drahtstückchen vorübergehend kurzgeschlossen, so bleibt der Brummton des Summers bestehen. Ist auch dieser Teil der Empfangsstation in Ordnung, dann kann die Störung nur mehr in der Antenne bzw. Erde, im Detektor, im Kristall oder im Kopfhörer liegen.

15. Wie wird ein Summerkreis in einen Wellenmesser verwandelt und geeicht?

Dies geschieht, indem in den Prüfkreis lt. Abb. 8 parallel zur Spule ein Drehkondensator von 500 cm Kapazität mit Luftisolation geschaltet wird. Diese Ausgestaltung des Summerkreises empfiehlt sich außerordentlich, da der Wellenmesser einen der wichtigsten Prüfapparate im Rundfunk darstellt. Ferner empfiehlt es sich, die Eichkurve dieses Wellenmessers selbst anzufertigen, und zwar am einfachsten in folgender für Amateurzwecke meist ausreichender Weise: Man schaltet an den Wellenmesser die zu dem Lokalsender gehörige Honigwabenspule, die ca. 50 oder 75 Windungen bis zu ca. 500 m Wellen aufweisen soll. Nun wird bei abgeschalteter Kapazität auf Millimeterpapier der Anfangspunkt der kleinsten Welle lt. Tabelle auf Seite 53 aufgetragen und ebenso bei 180° Kondensatorstellung die zugehörige größte Welle lt. dieser Tabelle. Beispiel: bei der Wabenspule mit 75 Windungen einerseits, 400 anderseits 1200 m Welle. Nun werden bei einem befreundeten Amateur, von dem man bestimmt weiß, daß seine Station verläßlich arbeitet, noch ein oder zwei Zwischenwerte, möglichst bei mittlerer Kondensatorstellung unter Benutzung der gleichen Wabenspule ermittelt. Die richtige Einstellung liegt an jener Stelle vor, bei der im Hörer der Empfangsstation der lauteste elektrische Ton (**nicht** der akustische) vorhanden ist. Die günstigste Einstellung des Wellenmessers geschieht bei unverändert belassener Detektorstation während einer Pause des Lokalsenders. Nun besitzt man drei bzw. vier Punkte der Eichkurve, Anfangs-, Mittel- und Endpunkt, die durch eine Gerade miteinander verbunden werden. Diese Art der Eichung (die Eichkurve als Gerade anzunehmen) ist um so mehr zulässig, wenn der Maßstab der Wellenlängen auf der Ordinatenachse (Senkrechten) möglichst groß gewählt wird (Abb. 9). Auf diese Weise ergeben sich auf der Abszissenachse (der Wagrechten) die Zwischenwerte der Eichkurve bei verschiedenen Kondensatorgradstellungen, so daß die zugehörigen Wellenlängen zu jeder Kondensatorstellung an der Ordinaten-

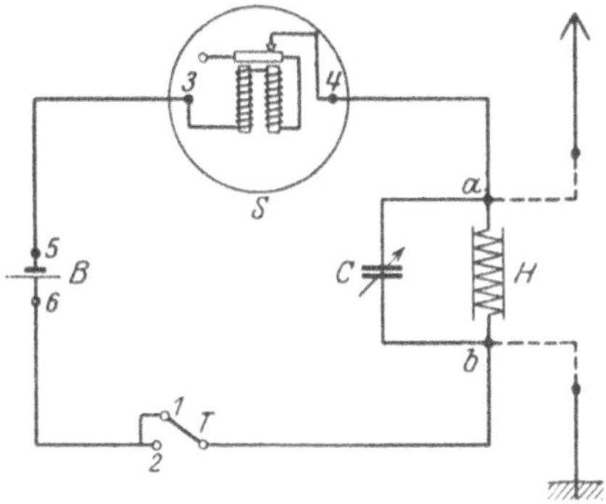

Abb. 8. Wellenmesser.

achse abgelesen werden können. Es ist angezeigt, sich außerdem die gemessenen Werte auch noch tabellarisch zusammenzustellen und sie von Zeit zu Zeit nachzuprüfen. Selbstverständlich wird

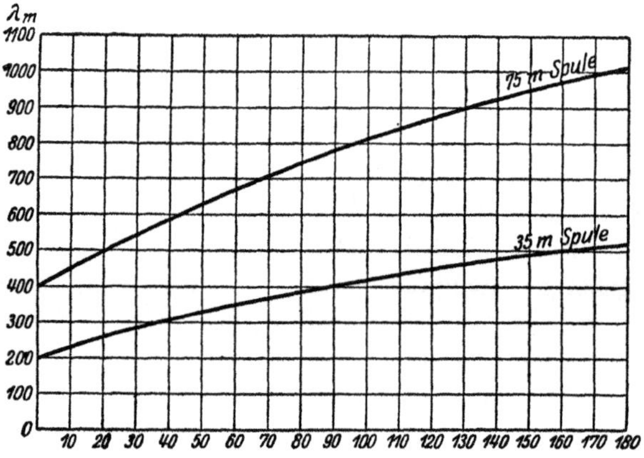

Abb. 9. Eichkurve zum Wellenmesser.

der gleiche Vorgang zur Eichung bei verschiedenen Wabenspulen angewendet. Manche Sendestationen, z. B. Voxhaus, Berlin, Königwusterhausen usw. senden zu bestimmten Zeiten genaue Eichwellenlängen aus, die zum Eichen benutzt werden sollen.

16. Wie wird der Wellenmesser am zweckmäßigsten benutzt?

Das elektrisch verursachte Tönen im Hörer wird beim Drehen des Kondensatorknopfes zuerst lauter, erreicht ein Maximum und nimmt bei weiterer Drehung des Kondensators wieder ab. Ist diese Maximallautstärke nicht scharf einstellbar, dann empfiehlt es sich, mit dem Wellenmesser bzw. seiner Spule, von der Antennenschleife bzw. jener Stelle des Detektorempfängers, auf welche der Wellenmesser als Sender arbeitend einwirkt, so weit abzurücken, bis ein scharfer, d. h. eng begrenzter Maximalbereich des lautesten Tones feststellbar ist (Entkopplung). Um zu wissen, welche Wellenlänge des Wellenmessers der jeweiligen Einstellung des Kondensators entspricht, wird die Eichkurve der zugehörigen Wabenspule benutzt (Eichkurve Abb. 9). Der Wellenmesser arbeitet hier als Sender. In diesem Falle ergeben sich lt. Abb. 8 die folgenden Verbindungen:

a) Wellenmesser als Sender: Hebel in Tasterstellung 1. Der Summer ist nur bei Niederdrücken des Tasterhebels eingeschaltet.

Hebel in Tasterstellung 2. Der Summer ist dauernd eingeschaltet. Der Summer liegt an den Punkten 3 und 4. Die Taschenbatterie an den Klemmen 5 und 6. Die Wabenspule an den Klemmen *a* und *b*.

b) Wellenmesser als Empfänger: Abb. 10. Der Wellenmesser kann aber auch als Empfänger in Detektorschaltung verwendet werden. In diesem Falle bleibt die Wabenspule zwischen *a* und *b*, an welche Pole gleichzeitig Antenne—Erde gelegt werden. Hebel in Tasterstellung 2. An Stelle des Summers wird der Detektor in die Buchsen 3 und 4 gesteckt.

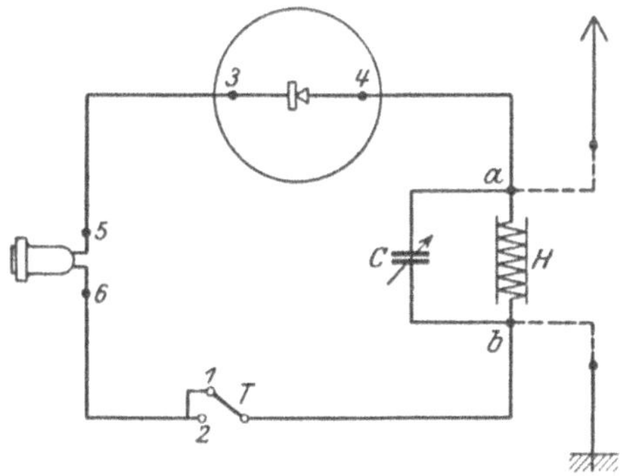

Abb. 10. Wellenmesser als Empfänger.

An Stelle der Batterie kommt das Telephon zwischen 5 und 6, die Antenne—Erde wird an die Pole *a* und *b* gelegt.

Auf diese Weise verfügt der Amateur zugleich über einen sehr gut wirkendeu Detektorempfänger. Allerdings ist in diesem Falle die Eichung des Wellenmessers gegenstandslos, da diese nur unverändert bleibt, wenn Antenne und Erde nicht angeschlossen sind.

c) Wellenmesser als Filter zum Aussieben der Ortswelle, bzw. als Langkreis. Soll hingegen einer Empfangsstation Hochfrequenzenergie entnommen werden, dann wirkt der Wellenmesser als Filter (Saugkreis), um eine etwa vorhandene Störwelle auszuschalten.

Tasterstellung 1. Damit sind zugleich auch die Buchsen 3, 4, 5, 6 ausgeschaltet. Die Wabenspule bleibt zwischen *a* und *b*. Schließlich wirkt die Anordnung bei der gleichen Tasterstellung auch als Wellenfalle (Abb. 11), wenn die Erdverbindung an *a* und die Erdzuleitung des Apparates an *b* geschaltet wird. Eingestellt wird sowohl in der Verwendung als Saugkreis wie in der als Wellenfalle auf die störende Ortswelle. In diesem Falle wirkt der Saugkreis so, daß er die Störenergie vom Empfänger absaugt, während bei der Hintereinanderschaltung als Wellenfalle für die störende Ortswelle der Widerstand sehr groß wird, so daß sie auf den Empfängerkreis nicht oder nur wenig einwirken kann.

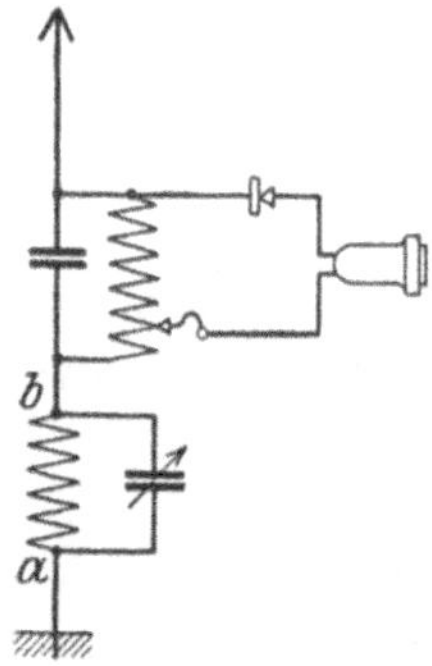

Abb. 11. Wellenfalle.

17. Woraus besteht das Universalmeßgerät und wie wirkt es?

Das Universalmeßgerät[1]) soll Amateuren und jedem Hochfrequenztechniker alle Fragen beantworten, die im Laufe der Untersuchung seiner Empfangsgeräte oder Sendegeräte auftauchen können, und gleichzeitig dazu dienen, fremde Stationen mit Sicherheit aufzufinden und unliebsame Sender auszuscheiden.

Die prinzipielle Schaltung des kleinen Apparates geht aus Abb. 12 hervor. Darin bedeuten „*H 1*" und „*H 2*" Honigwabenspulen, „*S*" einen Summer, „*D*" den Drehkondensator und „*B*" eine aus einem Element bestehende Stromquelle. „*Cx*" bedeutet eine eventuell zu messende unbekannte Kapazität. Ferner ist „*GH*" ein Steckbuchsenpaar zum Anschlusse eines Hörers „*T*". Die Buchsenpaare „*GH*" bzw. „*EF*" können durch Kurzschlußstecker kurzgeschlossen werden, wenn der Apparat als Wellenmesser verwendet wird.

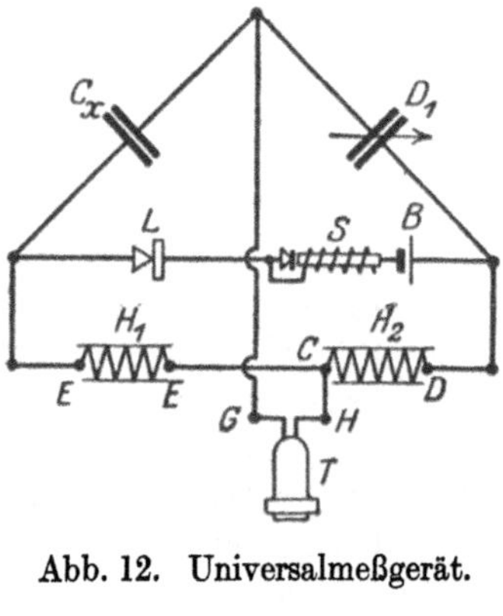

Abb. 12. Universalmeßgerät.

Abb. 13 gibt die innere Schaltung des Apparates wieder, so wie sie tatsächlich durchgeführt werden soll. Zum Apparate gehören 2 Kurventafeln für die Messung von Wellenlängen und Kapazitäten. Ferner 4 Honigwabenspulen mit 35, 100 und 300 Windungen. Während die Honigwabenspule „*H1*" fest eingebaut

[1]) Angegeben von Ing. Karl Satori, Wien 19, Grinzingerstr. 5.

ist, kann in das Steckbuchsenpaar „*CD*“ eine der vier Honigwabenspulen eingesteckt werden.

Ferner sind noch ein Serienstöpsel, ein Summer, eine Steckbatterie und ein Detektor vorzusehen. Man kann nun, wie aus den nachfolgenden Abbildungen hervorgeht, den Apparat auf vielfache Weise verwenden:

a) Verwendung als Detektorempfänger mit Serienschaltung von Selbstinduktion und Kapazität.

b) Verwendung als Detektorempfänger mit Parallelschaltung von Selbstinduktion und Kapazität.

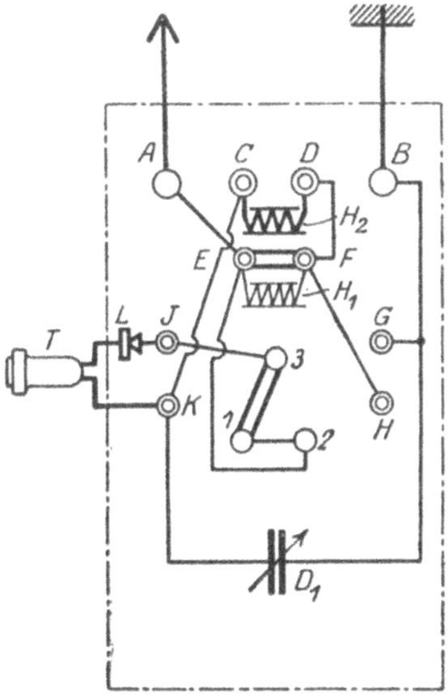

Abb. 13. Meßgerät als Empfänger in Kurzwellenschaltung.

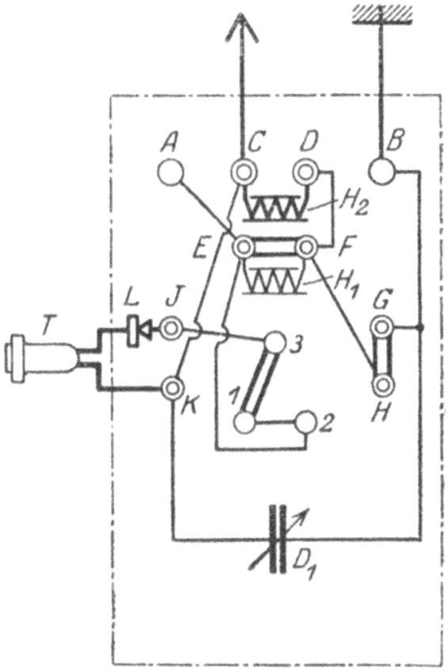

Abb. 14. Meßgerät als Empfänger in Langwellenschaltung.

Die erste Schaltung (Abb. 13) ist namentlich bei Hochantennen am Platze, wenn kurze Wellen empfangen werden sollen, während für lange Wellen die zweite Schaltung (Abb. 13) vorzuziehen ist. In den Abbildungen ist die Normalschaltung, die sich im Inneren des Apparates befinden soll, schwach ausgezogen, während die von dem Gebrauchnehmer auszuführende Schaltung mit starken schwarzen Strichen hervorgehoben ist.

Der Detektor und der Hörer sind unter Verwendung des Serienstöpsels in die zugehörigen Steckbuchsen „*JK*“ einzustecken. Der Detektor ist oben auf dem Stöpsel und der Hörer seitlich an dem Stöpsel anzubringen.

c) Verwendung als Wellenmesser. Man kann das Gerät nach dem Schema (Abb. 15) als Wellenmesser schalten und in diesem Falle sendet, wenn man in den Serienstöpsel den Summer und die Batterien einschaltet, das Gerät jene Wellenlänge aus, die durch die Stellung des Drehkondensators und die Honigwabenspule, welche in die Buchsen „*CD*“ zu stecken ist, gegeben erscheint. In diesem Falle kann man eine Station, deren Wellenlänge bekannt ist, in folgender Weise aufsuchen:

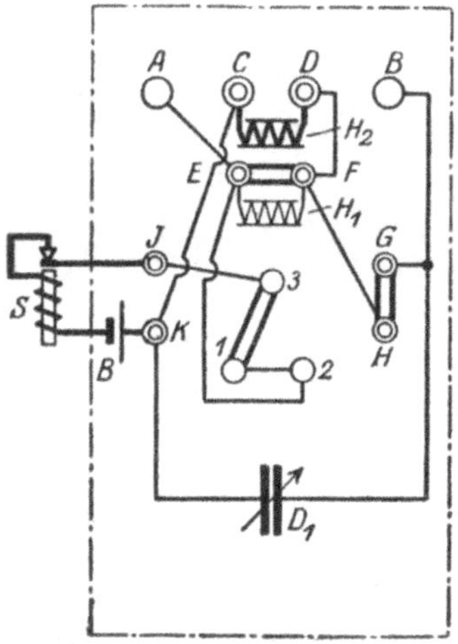

Abb. 15. Meßgerät als Wellenmesser.

Man stellt mit dem Universalmeßgerät unter entsprechender Wahl der Honigwabenspule und entsprechender Stellung des Drehkondensators die gewünschte Wellenlänge ein. Nunmehr sendet das Gerät diese Wellenlänge aus; man verändert nun so lange die Abstimmittel seines Empfängers, bis man den ausgesandten Summerton so laut als möglich hört, dann ist der Empfänger abgestimmt. Wesentlich ist dabei, daß der Wellenmesser mit dem Empfänger gekoppelt wird, d. h. die Sendespule des Wellenmessers muß sich in unmittelbarer Nähe der Empfängerspule befinden. Wünscht man eine Station zu identifizieren, so stellt man das Gerät in der Wellenmesserschaltung auf und koppelt mit dem Empfänger. Man dreht nun so lange am Kondensator, bis man den lautesten Ton hört und liest die gewünschte Wellenlänge ab.

d) Messung von Kapazitäten. Die Schaltung Abb. 16 zeigt die Verwendung des Gerätes als Kapazitätsmeßbrücke. Sie dient dazu, um die Kapazität von Blockkondensatoren bzw. Drehkondensatoren zu messen. Die unbekannte Kapazität wird zwischen den Klemmen „*A*“ und „*B*“ eingeschaltet und in die Buchsen

„C“ und „D“ eine Honigwabenspule gesteckt. Nun dreht man den Drehkondensator so lange, bis der im Telephon hörbare Summerton verschwindet. Mit der nunmehr abgelesenen Stellung des Drehkondensators bzw. der Windungszahl der Honigwabenspule geht man in die Kurventafel ein und findet die gesuchte Kapazität. Falls sich bei Durchdrehen des Kondensators durch den ganzen Bereich kein Minimum ergeben sollte, muß man die Honigwabenspule austauschen. Ein unscharfes Minimum ist ein Zeichen für mangelhafte Isolation des Kondensators. Hat der Kondensator einen Kurzschluß, so ist der Summerton im Hörer außerordentlich laut. Das Verdrehen des Kondensators hat dann keinen Einfluß auf die Lautstärke.

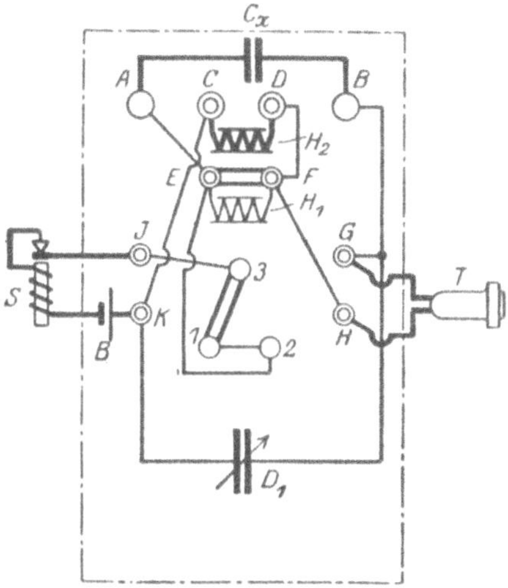

Abb. 16. Kapazitätsmeßbrücke.

e) Verwendung als Wellenfalle. Wünscht man eine bestimmte Welle vom Empfang auszuschalten, so benutzt man die Schaltung nach Abb. 15 (Wellenmesser mit abgeschaltetem Summer) und stellt die auszuschaltende Wellenlänge am Wellenmesser ein. Koppelt man nun den Wellenmesser eng mit der Station, so wird die eingestellte Welle beim Empfang stark geschwächt.

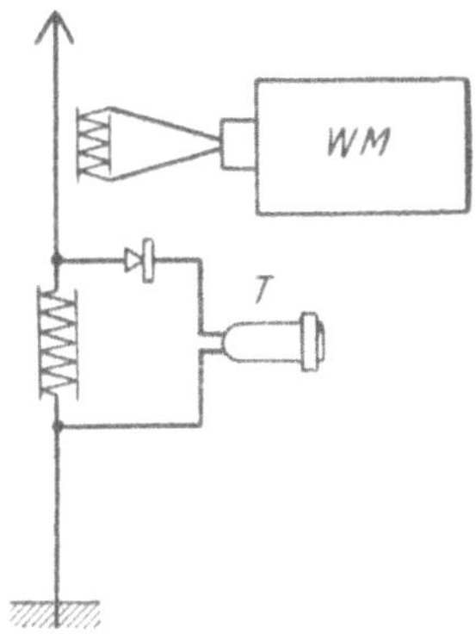

Abb. 17. Messung der Eigenwelle der Antenne.

f) Messung der Eigenwelle einer Antenne (Abb. 17). Man schaltet in die Antennenleitung eine Honigwabenspule und parallel dazu einen Detektor und einen Hörer. Nun koppelt man das als

Wellenmesser geschaltete Meßgerät auf die Antenne und verändert die Stellung des Drehkondensators „D“ (und damit die ausgesandte Welle) so lange, bis im Hörer die größte Lautstärke auftritt. Nun wiederholt man dasselbe mit einer anderen Honigwabenspule in der Antennenleitung.

Wenn man nun in einem Diagramm auf der wagerechten Achse die Zahl der auf der Honigwabenspule angegebenen Windungen und auf der senkrechten (Y-) Achse die am Wellenmesser abgelesene, zu der Maximalstärke des Summertones zugehörige Wellenlänge aufträgt, so ergibt sich eine Kurve, die in ihrer Verlängerung nach unten die Y-Achse im Punkte „A“ schneidet. Die Strecke $O—A$ gibt die gesuchte Eigenwelle der Antenne.

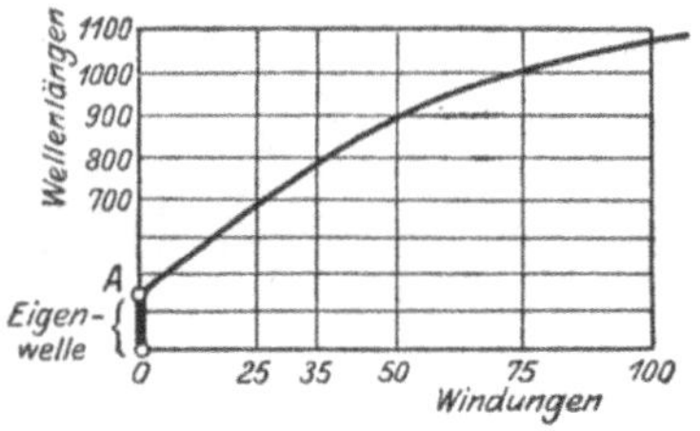

Abb. 18. Diagramm zu Abb. 17.

g) Messung der Eigenkapazität der Antenne. Die grundsätzliche Schaltung ist dieselbe wie in Abb. 16 (Kapazitätsmeßbrücke). In die Klemme „A“ wird die Antenne, in die Klemme „B“ wird die Erde eingeschaltet. Durch Verdrehen des Drehkondensators „D_1“ ergibt sich, wie früher, die Eigenkapazität.

Mangelhafte Isolation der Antenne zeigt sich auch hier durch ein flaches Minimum, eventueller Erdschluß durch einen lauten Ton.

h) Messung der Eigenwelle einer Honigwabenspule. Man schaltet parallel zur Spule (Abb. 19) einen Detektor und einen Hörer. Dann koppelt man den Wellenmesser auf die Spule und verändert die Welle so lange, bis die größte Lautstärke im Hörer auftritt. Nun kann man am Wellenmesser direkt die Eigenwelle ablesen, doch muß für diesen Fall die Anordnung besonders geeicht werden, weil sich die Eigenwelle durch das Parallelschalten des Detektors und Hörers stark verändert.

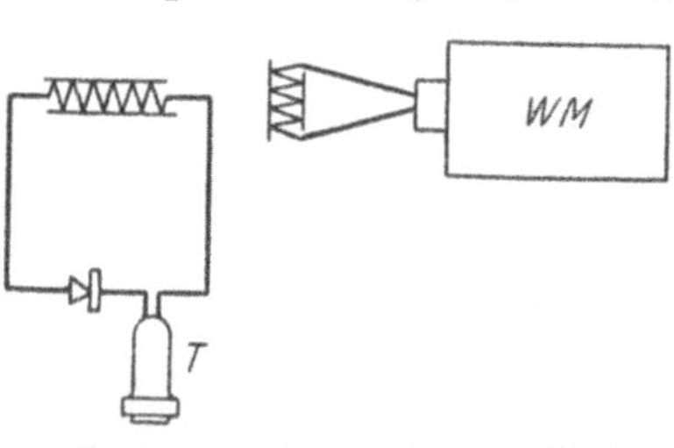

Abb. 19. Messung der Eigenwelle von Spulen.

i) Messung der Eigenkapazität von Spulen (Abb. 20). Man stellt einen Schwingungskreis aus der zu messenden Spule und einem Drehkondensator, dessen Skala vorher nach Abb. 16 geeicht werden muß, her und schaltet parallel dazu Detektor und Hörer. Nun erregt man mit Hilfe des Wellenmessers diesen Schwingungskreis und sucht für eine bestimmte Stellung des Drehkondensators des Schwingungskreises das Maximum der Lautstärke durch Verdrehen des Kondensators „D_1“ im Wellenmesser auf. Dies wiederholt man für drei oder vier Stellungen des Kondensators „C“. Wenn man nun in einem Diagramm Abb. 21 auf der X-Achse die am Drehkondensator „C“ des Schwingungskreises

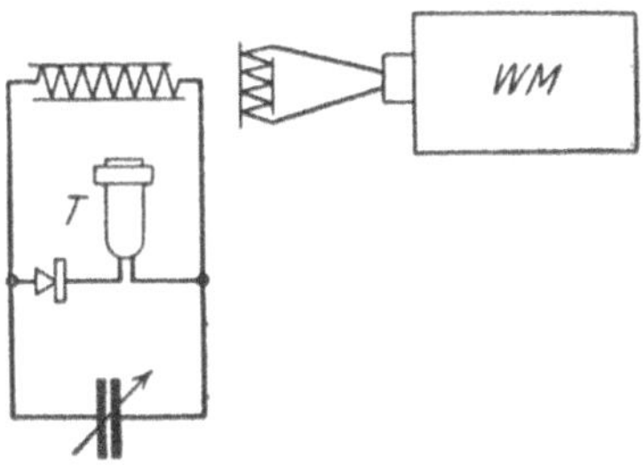

Abb. 20. Messung der Eigenkapazität von Spulen.

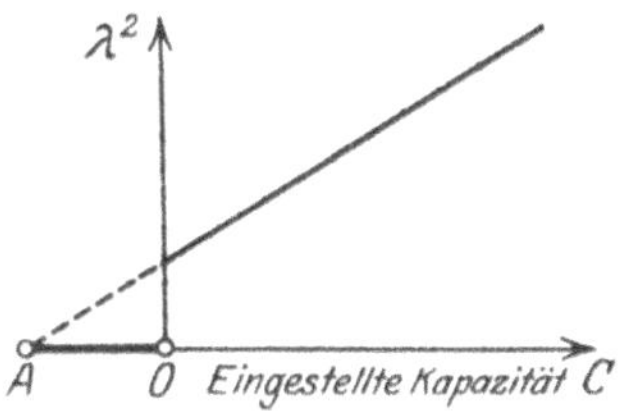

Abb. 21. Diagramm zu Abb. 20.

eingestellte Kapazität und auf der Y-Achse das dazu gehörige Quadrat der im Wellenmesser abgelesenen Wellenlänge aufträgt, erhält man eine Gerade. Der Schnittpunkt der Geraden mit der X-Achse ist $A - O$. Die Strecke $A - O$ ist die gesuchte Eigenkapazität der Spule.

k) Aufsuchen von Stationen. Schaltung ist identisch mit Abb. 15. Die Anwendung erfolgt in folgender Weise: Die Wellenlänge der Station wird am Wellenmesser eingestellt, der Wellenmesser mit der eigenen Station gekoppelt und die Abstimmittel der Station so lange verändert, bis der lauteste Ton des Summers im Hörer wahrzunehmen ist. Dann ist die eigene Station auf die fremde Station eingestellt.

l) Dämpfungsmessungen. Bei Dämpfungsmessungen von Rahmen und Spulen geht man in folgender Art vor:

Man schalte die Spule mit einem Drehkondensator zu einem Resonanzkreis zusammen und errege denselben mit dem Wellenmesser. Nun mißt man die Größe dieser Erregung nicht durch einen Hörer, sondern durch ein Galvanometer. Man muß mit dem Galvanometer einen Detektor in Serie schalten, um den Strom gleichzurichten. Ist nun der Maximalausschlag aufgesucht, so bestimmt man die zugehörige Wellenlänge. Ferner bestimmt man eine solche Wellenlänge, daß der Ausschlag nur noch 0,7 der Maximalen beträgt. Dann ist das Dämpfungsdekrement

$\delta = \pi \frac{\lambda'' - \lambda'}{\lambda_r}$ wenn man für λ'' und λ' einen Ausschlag wählt, welcher gleich ist $J_\lambda = \frac{J_r}{\sqrt{2}} = 0{,}7$ des maximalen. In dieser Formel bedeutet δ das logarithmische Dekrement der Dämpfung, λ'' bedeutet die Wellenlänge, welche bei Überresonanzstellung dem Ausschlag von 0,7 entspricht, während λ' die Wellenlänge der Unterresonanzstellung angibt. λ_r bedeutet die Wellenlänge für die Resonanzstelle und für den maximalen Ausschlag. Man bedarf demnach zur Aufsuchung von Dämpfungen außer dem Universalmeßgerät noch eines Galvanometers. Allerdings setzt diese Art der Dämpfungsmessung einen sehr konstanten Summer voraus.

m) Messung von Induktivitäten. Die Induktivität einer Spule wird nach dem Resonanzverfahren gemessen. Zu diesem Zwecke stellt man die Anordnung Abb. 19 (Eigenwelle von Spulen) auf. Ferner muß die Eigenkapazität der Spule (nach Abb. 20) bekannt sein. Nun ist die Induktivität gegeben durch die Formel:

$$L_{cm} = \frac{\lambda^2 \cdot 10^4}{C \cdot 4\pi^2} = \frac{\lambda^2}{C} \cdot \frac{10000}{39{,}5} = \frac{\lambda^2}{C} \cdot 254$$

Es bedeuten: λ die Wellenlänge in Metern, die im Wellenmesser abgelesen wurde, und C die Eigenkapazität der Spule in cm. Wesentlich genauer wird mittels einer bekannten Zusatzkapazität (etwa 1000 cm), als mit der Eigenkapazität der Spule gemessen.

18. Welche hauptsächlichsten Schaltungen kommen bei Detektorstationen vor, welches sind ihre Vor- und Nachteile und welche Fehler treten in denselben meist auf?

Die einfachsten Schaltungen sind die unmittelbare oder galvanische Kopplung (Abb. 22), ferner die gleiche Schaltung mit Drehkondensatoreneinstellung und Wabenspule (Abb. 23), bzw.

Wabenspule (Abb. 24), weiter die galvanische Schaltung mit Variometer (Abb. 25), welch letztere die geeignetste ist, weil hierbei die beiden Spulen hintereinander (in Reihe) geschaltet sind und

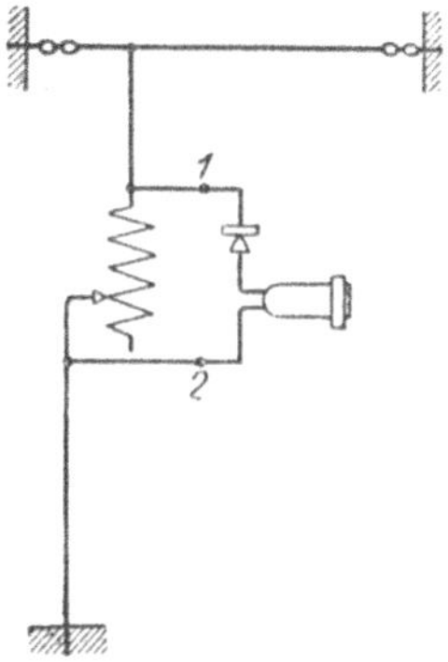

Abb. 22. Einfachster Schiebespulenempfänger.

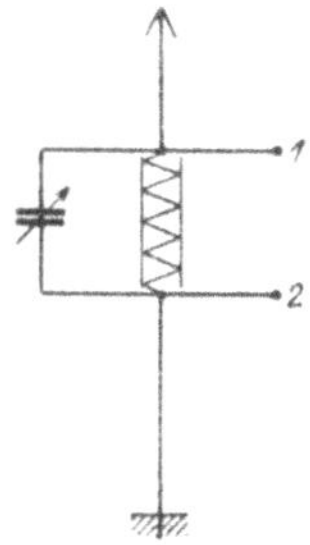

Abb. 23. Wabenspule mit parallelem Drehkondensator.

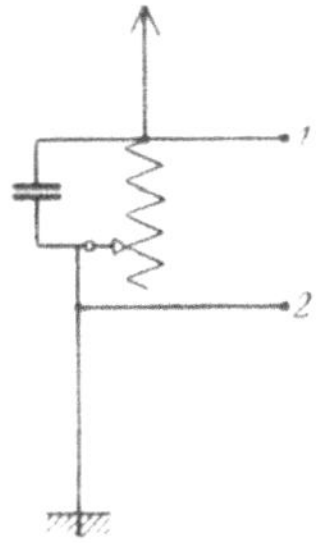

Abb. 24. Schiebespule mit paralle lem Kondensator.

daher alle Windungen für den aufzunehmenden Empfänger zur Wirkung kommen (Vermeidung der toten Enden). Um Wellen unter 500 m Länge bei abgestimmter Antenne empfangen zu

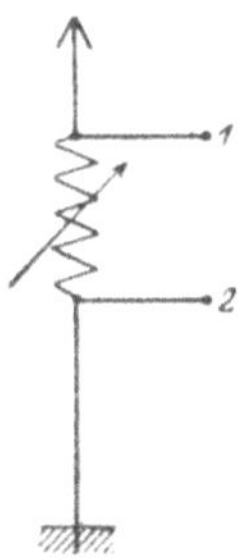

Abb. 25. Variometerschaltung.

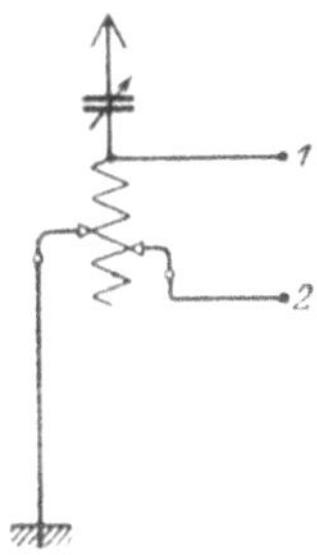

Abb. 26. Verkürzungskondensator in der Antenne.

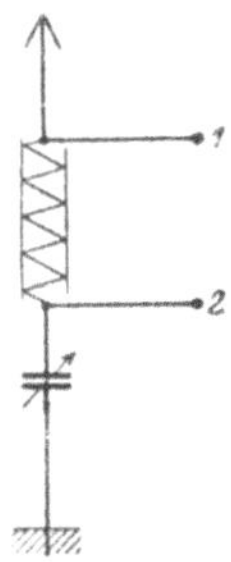

Abb. 27. Verkürzungskondensator in der Erdleitung.

können, wird gemäß Abb. 26 der Drehkondensator in Reihe mit der Antenne geschaltet, bzw. in die Erdleitung gelegt (Abb. 27). Der hintereinandergeschaltete Kondensator wirkt antennenverkürzend. Wie in Abb. 22 gezeigt, werden auch in allen folgenden Abbildungen an die Leitungsenden 1, 2 Detektor und Hörer, bzw. der Röhrenempfänger angeschlossen. Behufs Störungsverminderung empfiehlt sich die Sekundärkreisschaltung lt. den Abb. 28 u. 29, bei welchen die Antenne induktiv auf den Detektor wirkt. Hierbei wird zwar die Lautstärke im allgemeinen etwas vermindert, hingegen kann eine etwa vorhandene Störwelle nicht ohne weiteres in den möglichst scharf abgestimmten Detektorkreis gelangen.

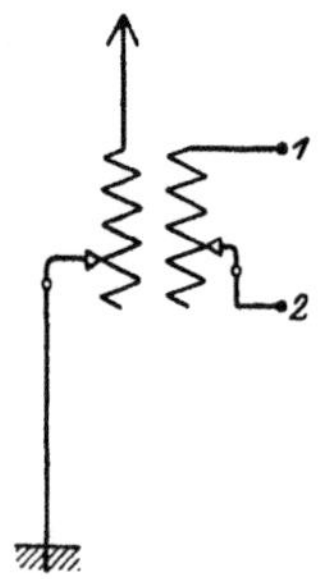

Abb. 28. Sekundärkreisschaltung.

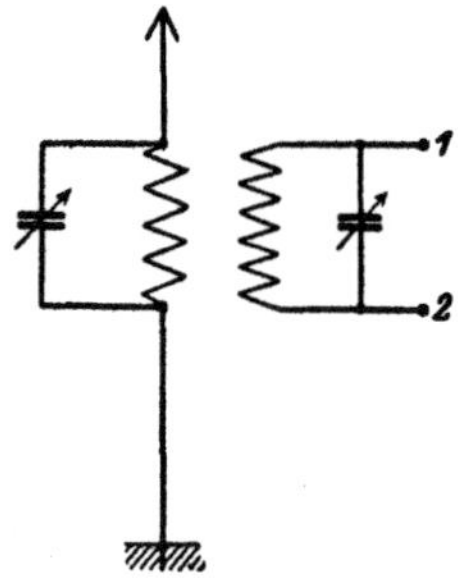

Abb. 29. Sekundärkreis mit Benützung eines Abstimmdrehkondensators.

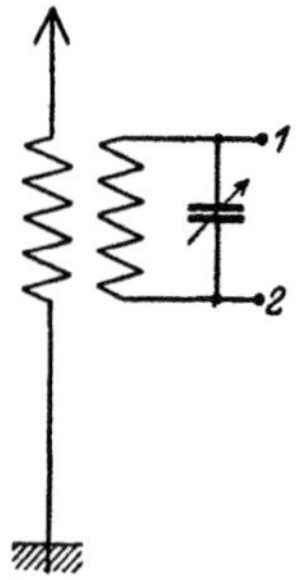

Abb. 30. Aperiodische Antenne.

Das Mittel des Sekundärkreisempfängers gestattet auch eine gar nicht abgestimmte (sogenannte aperiodische) Antenne zu verwenden (Abb. 30). Bei dieser ist zwischen Antenne und Erde bloß eine Spule (ohne Kondensatoren) vorhanden, nicht selten bloß aus wenigen Windungen bestehend, die auf die Wabenspule des Sekundärkreises aufgebracht werden. Auf diese Weise kann jede beliebige Antenne bei der nämlichen Sekundärkreisabstimmung verwendet werden, was den Vorteil hat, daß die Einstellung des Sekundärkreises ein für allemal vorgenommen sein kann und doch unabhängig vom Ort und von der Art der Antenne ein von vornherein abgestimmter Empfang gesichert bleibt. Wenn auch die Hintereinanderschaltung der Antenne bzw. der Erde mit dem Drehkondensator einen Dämpfungsverlust bedeutet, so wird dieser doch zum großen Teile dadurch aufgehoben, daß in einem solchen Falle eine Spule mit mehreren Windungen, d. h. Selbstinduktion verwendbar ist, wodurch größere Spannungsschwankungen im Detektor und Hörer liegen. Der Hauptvorteil der galvanischen Kopplung ist größte Lautstärke, der Hauptnachteil größte Störempfindlichkeit. Die Anwendung eines Drehkondensators bzw. überhaupt eines Kondensators bedeutet einen ebensolchen Dämpfungsverlust wie die weiteren, d. h. nicht benutzten Windungen einer Spule. Häufig geben auch die Schiebekontakte Anlaß zu Störungen, weil sie in ihrer Spannung nachlassen und dann keine verläßlichen Kontakte mehr bilden.

Bei Anwendung eines in Reihe geschalteten Drehkondensators nach Abb. 26, 27 ist auszuprobieren, ob dieser günstiger an der Antenne oder auf der Erdungsseite wirkt, weil bei lautestem Empfang die Spule im Strombauch liegen muß und durch die oben bezeichnete Lage des Drehkondensators diese günstigste örtliche Einstellung erreicht werden kann.

Ein Nachteil dieser Schaltung ist der Dämpfungsverlust im Drehkondensator.

19. In welcher Weise wird der Detektorempfänger auf die zu empfangende Welle am günstigsten eingestellt?

Wenn alle Teile wie vorstehend geprüft wurden, dann muß der Ortssender hörbar sein. Es wird nun der Gleitkontakt, der zur Antenne führt, so lange verschoben bzw. bei Drehkondensatoren im Antennenkreise der Knopf dieses Kondensators so lange gedreht, bis die größte Empfangslautstärke erreicht ist. Ist dies geschehen, dann werden vorsichtig auch etwaige andere vorhandene Schiebekontakte so lange verschoben, bis in jedem Falle wieder das Maximum der Lautstärke erreicht wurde. Nun müssen — und dies ist besonders wichtig — die früher eingestellten Kontakte bzw. der Drehkondensator abermals betätigt werden, um womöglich die frühere größte Lautstärke noch zu steigern. Grundsätzlich ist es also wichtig, den Empfänger nicht nur einmal in einem Sinne einzustellen, sondern, nachdem dies geschehen ist, müssen die Einstellungen noch einmal in der gleichen Reihenfolge von vorne beginnen, damit das Maximum an Empfangsenergie aus dem Empfänger herausgeholt wird.

20. Wie wird die Lautstärke bzw. Reichweite eines Empfangsdetektors ohne Anwendung von Verstärkerröhren vergrößert?

In erster Linie muß für eine hochempfindliche Kristallkombination gesorgt werden. Am besten eignen sich Rotzinkerz mit Kupferkies, oder mit Bronze oder Goldspitze, guter Bleiglanz (nicht stark, aber stoßempfindlich), Pyrit (für Fernempfang, doch ist die richtige Einstellung nicht leicht zu finden). Als Metallspitze empfiehlt sich Neusilberdraht oder auch Bronze- oder Stahldraht mit tadelloser Spitze, schraubenförmig gebogen. Besonders günstige Lautstärke ergibt Rotzinkerz als Spitze auf Bleiglanz oder Pyrit, schließlich Silizium mit Karborundum als Spitze. Die sogenannten synthetischen Kristalle, die oft unter den merkwürdigsten Namen verkauft werden, leisten selten etwas Besonderes. Sie sind gewöhnlich nichts anderes als geröstete Kristalle und haben den Vorteil, fast an jeder Stelle empfindlich zu sein. Neuerdings kommen sog. Fixdetektoren in den Handel, die aber meist eine geringere Lebensdauer aufweisen.

Je höher und freier gelegen die Antenne ist, um so größer ist natürlich auch die Lautstärke. Muß man mit Zimmerantenne auskommen, dann empfiehlt sich die der Decke und den Wänden und Gegenständen gegenüber kapazitätsfreie Anbringung nicht nur einer, sondern mehrerer Zimmerantennen, die durch die geschlossene Tür und mit Seide isoliert miteinander in Verbindung gebracht werden müssen (Wohnungsantenne, Abb. 3). Manchmal läßt sich die Lautstärke auch durch Anschalten einer Schiebespule an einen Antennenverlängerungsdraht verbessern, weil sich auf diese Weise das Maximum der Empfangsstärke leichter in die Nähe des Detektorkristalls bzw. der Spule verschieben läßt. Oft genügt schon eine kleine Vermehrung der Selbstinduktion, um eine wesentliche Lautverstärkung herbeizuführen.

21. Wie werden Störgeräusche beseitigt?

Diese rühren hauptsächlich von nahe gelegenen Straßenbahnen, Aufzugs- oder sonstigen Motoren her. Insbesondere haben daran die schwachen Beleuchtungsströme der Straßenbahnwagen bzw. die Straßenbahnsignallampen Schuld, da bei ihren Stromunterbrechungen Funkenbildungen auftreten, die als kleine Störsender wirken, wobei der Fahrdraht die Antenne darstellt. Hauptabhilfe muß Sache der Straßenbahnverwaltungen bleiben, die rechtlich hierzu gezwungen werden sollten. Teilweise Abhilfe kann sich der Amateur dadurch verschaffen, daß zwischen Antenne und Detektorapparat eine induktive Kopplung hergestellt wird. Am einfachsten geschieht dies durch einen Sekundärkreisempfänger lt. den Abb. 28 oder 29. Gemäß den Abb. 30 oder 31 werden auf die Empfangsspule 15 bis 30 Windungen, am besten unterhalb des äußeren Schutzmantels angebracht und diese Windungen unmittelbar zwischen Antenne und Erde geschaltet, so daß sie sowohl galvanisch durch die gemeinsame Erde, wie auch induktiv auf den Empfänger einwirken. In diesem Kreise fehlt somit jedes Abstimmelement. Es besteht nun eine feste induktive und galvanische Kopplung zwischen den genannten Windungen und der Spule. Niederfrequente Störungen fließen aus der Antenne direkt zur Erde, teilweise auch jene der Störwellen, die meist gedämpft sind, während nur die hochfrequenten ungedämpften Wellen, auf welche abgestimmt ist und die empfangen werden sollen, auf den Detektorkreis einwirken. Sollte dieses Hilfsmittel versagen, dann muß eine eigene Wabenspule oder auch Flachspule (Korbspule) statt der obenbezeichneten Windungen zwischen Antenne und Erde gelegt werden und die zugehörige Spule der Detektorstation in einem gewissen Abstande etwa bis zu 50 mm von der anderen Spule entfernt gehalten werden, was natürlich auf Kosten der Lautstärke geht. Gute Erfahrungen wurden gewonnen, wenn zwischen Empfänger und Erde ein Siebkreis geschaltet wird, der auf die Störwelle abgestimmt wird (Rundfunk, S. 273, H. 5). Bei Fernempfang wird auf diese Weise der örtliche Sender ausgesiebt.

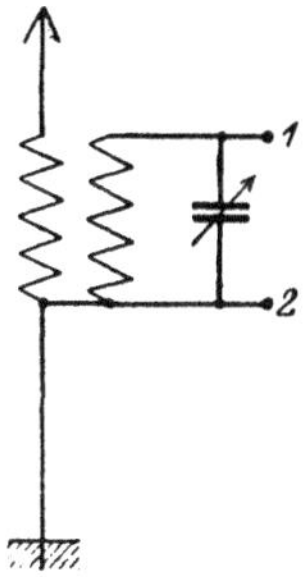

Abb. 31. Aperiodische Antenne mit geerdetem Sekundärkreis.

22. Wie machen sich Störungen durch benachbarte „Rückkoppler" geltend und wie sind sie aufzufinden bzw. zu verständigen?

Sind in der Nähe Amateure mit Rückkopplungsgeräten und bedienen diese ihre Station nicht vorsichtig oder sorglos, dann kommt es vor, daß durch zu starkes Rückkoppeln der betreffende Amateurempfänger als Sendestation wirkt, die störende Töne, wie uiii bis iuuu, als hörbare Interferenztöne hervorruft. Dadurch wird der Empfang insbesondere von Musik und Sprache selbstverständlich höchst ungünstig beeinflußt. Dagegen gibt es bei Detektorempfänger keine Abhilfe. Sollte eine Umfrage nicht zur Auffindung des Störers führen, so bleibt nur ihre Anzeige an die Sendestation übrig, welche durch Peilung von zwei Stellen aus den Störer ermittelt und verwarnt.

Bei der galvanischen Kopplung empfiehlt es sich, gemäß Abb. 32 gleich zwei Schieber anzuwenden, einerseits zur Abstimmung der Antenne und anderseits zur Abstimmung des Detektorkreises. Bei Schaltung Abb. 26 soll der Drehkondensator keinesfalls größer als 500 cm sein, um die Verluste klein zu halten. Bei der Kondensatorschaltung empfiehlt sich die Benutzung einer Honigwaben- oder Flachspule statt einer Schiebespule, um die Dämpfung möglichst herabzusetzen. Die Kugelvariometer erhält man käuflich schon in technisch sehr vollkommener, durchgebildeter Form. Dieselben arbeiten ziemlich verlustfrei, weil sie keine toten Enden aufweisen. Die bei der Schiebespule nicht benutzten Windungen wirken nämlich dämpfend, weshalb es am vorteilhaftesten ist, sie gleich von vornherein auf die Wellenlänge des lokalen Senders abzustimmen bzw. zu bemessen, in welchem Falle der Antennenschieber selbst entfallen kann.

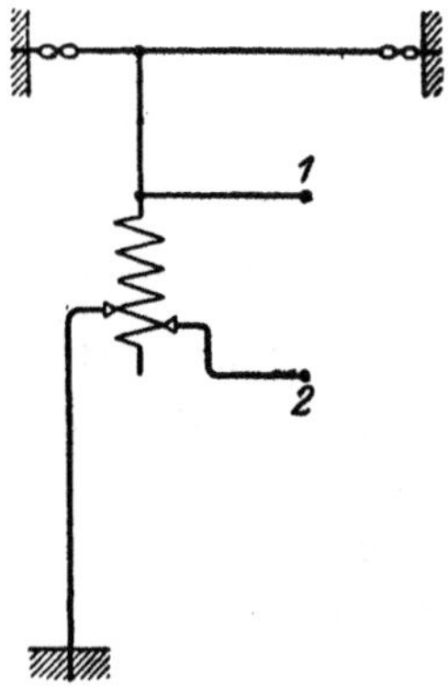

Abb. 32. Schiebespule mit zwei Kontakten.

23. Was wird unter Sekundärkreis verstanden und welche hauptsächlichsten Fehler müssen bei diesem vermieden werden?

Wird die Antennenspule nicht galvanisch mit dem Detektorkreis verbunden, sondern mit einer Zwischenspule gekoppelt, dann wirkt eine solche Anordnung als Sekundärkreis, wobei dieser zuerst abgestimmt wird und dann erst, und für sich gesondert, der Antennenkreis. Die Abstimmittel, Drehkondensatoren, Schiebespulen oder Variometer werden auch in den Sekundärkreis gelegt. Letzterer wählt aus den die Antennenspule treffenden Schwingungen die zu ihrer Resonanz gehörige Welle noch einmal aus, wodurch eine schärfere, daher störungsfreie Einstellung auf die Sendestation herbeigeführt wird (Selektivität).

24. Wann arbeitet der Detektorempfänger am günstigsten?

Es ist dies dann der Fall, wenn bei der zugehörigen Empfangswelle der Selbstinduktionswiderstand des gesamten Antennenkreises übereinstimmt mit dem Selbstinduktionswiderstand des

Sekundärkreises, in welchem der Verbraucher (Detektor) liegt. In diesem Falle sind auch die Kapazitäten der beiden Kreise einander gleich[1]).

25. Welchen Widerstand hat ein Kristalldetektor?

Dieser wird in der Regel mit ca. 500—4000 Ohm angenommen, was aber natürlich von der verwendeten Detektorkombination und vom zweckmäßigen Druck der Spiralenspitze abhängt. In manchen Fällen ist er also kleiner, wodurch es oft vorteilhafter ist, bei Detektorstationen die Hörer versuchsweise parallel zu schalten, bzw. nicht Hörer mit zu hoher Ohmzahl zu verwenden.

26. Was wird unter Schaltung „kurz“ und Schaltung „lang“ bzw. „Welle kurz“ und „Welle lang“ verstanden und welches sind ihre Vor- und Nachteile?

Der im Antennenkreise liegende Kondensator wird, wenn er zur Selbstinduktionsantennenspule parallel geschaltet wird, die Gesamtkapazität erhöhen. Eine solche Schaltung empfiehlt sich zum Empfang langer Wellen. Wird jedoch der Drehkondensator zwischen Antenne und Spule oder zwischen Spule und Erde gelegt, dann ist der Kondensator mit dem gedachten Kondensator, den die Antenne—Erde bildet, hintereinandergeschaltet, wodurch die Gesamtkapazität abnimmt. Diese Schaltung empfiehlt sich zum Empfang kürzerer Wellen (unter 500 m). Behufs Umschaltung von einer Stellung auf die andere ist die Anordnung lt. Abb. 33, 34 in vielen Fällen vorzuziehen[2]). In den meisten Fällen empfiehlt sich aber die Anwendung der aperiodischen Antenne, die also keine Kapazität enthält, was den Vorteil hat, daß der Empfänger

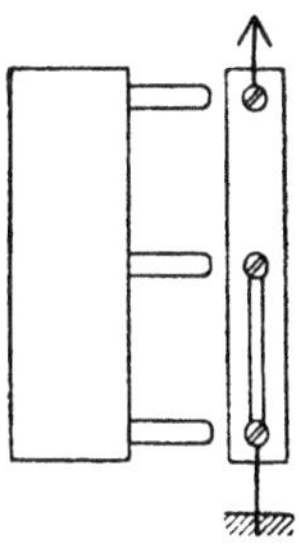

Abb. 33. Schaltung lang.

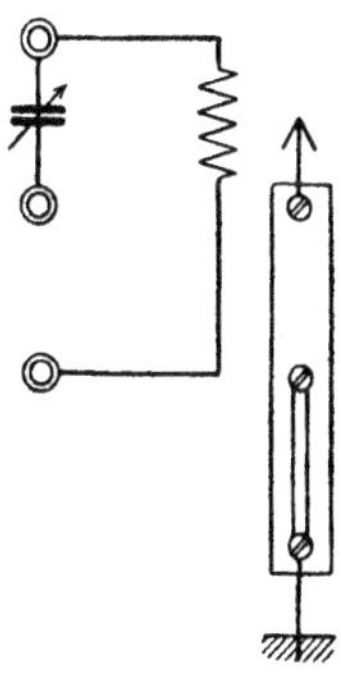

Abb. 34. Schaltung kurz.

[1]) Vgl. ETZ Jahrg. 29, Heft 5, S. 148, 1925. Höhe der Rundfunkantennen.

[2]) Radiowelt Wien, 1925, H. 6, von Herbert Knorr.

ein für allemal geeicht werden kann, so daß auch bei beliebigen Antennen die gleichen Einstellungen beibehalten werden können.

27. Welche Aufgabe hat die Schiebe-, Honigwaben oder Flachspule zu erfüllen?

Sie nimmt die drahtlosen Schwingungen aus der Antenne auf, weshalb die Selbstinduktion der Spule immer möglichst groß sein soll. Sie darf jedoch nicht größer sein als der Kapazität der Antenne bei der zu empfangenden Welle entspricht. Die Größe dieser Spulen, d. h. ihre Windungszahlen und damit ihre Selbstinduktion muß also im richtigen Verhältnis zur empfangenden Welle stehen. Dies erkennt man, wenn das Abstimmmittel, also meist der Drehkondensator, weder bei seiner Null- noch bei seiner 180°-Einstellung die größte Lautstärke ergibt bzw. in diesen Endstellungen eine Abnahme des Maximums wahrnehmbar ist. Im ersten Falle muß eine kleinere Spule genommen werden, im anderen, also wenn bei 180° der lauteste Empfang besteht, ist eine größere Selbstinduktion zu wählen.

28. Welche grundlegenden elektrischen Werte und Formeln muß der Radioamateur unbedingt kennen?

$$\text{Die Wellenlänge } \lambda = \frac{\text{Lichtgeschwindigkeit c}}{\text{Anzahl d. Perioden pr. Sek.}}.$$

Daraus ergibt sich z. B. bei

$$\text{Wellenlänge } \lambda = 500 = \frac{300000000\,\text{m}}{x} \quad x = 600000$$

Perioden oder Schwingungen pro Sek.

Bei technischen Wechselströmen von 50 ∼ ist

also $\lambda_x = \frac{300000000}{50} = 6000$ km. Den Zusammenhang von λ m und den Perioden, oder was das nämliche sagt, Frequenzen, zeigt Abb. 35.

Abb. 35. Abhängigkeit von Wellenlängen und Periodenzahlen.

Man rechnet Kapazitäten, die in Mikrofarad bezeichnet sind, in Zentimeter um:

Mikrofarad (μF)	1	=	900000	cm
„	0,1	=	90000	„
„	0,01	=	9000	„
„	0,001	=	900	„
„	0,0001	=	90	„
„	0,00001	=	9	„
cm	1	=	0,000000111	μF
„	10	=	0,0000011	„
„	100	=	0,000111	„
„	1000	=	0,00111	„
„	10000	=	0,0111	„
„	100000	=	0,111	„
„	1000000	=	1,11	„

Man rechnet Selbstinduktionen, die in Henry gegeben sind, in Zentimeter um:

Henry	1	=	1,000000000	cm
„	0,1	=	100000000	„
„	0,01	=	10000000	„
„	0,001	=	1000000	„
„	0,0001	=	100000	„
„	0,00001	=	10000	„
„	0,000001	=	1000	„
„	0,0000001	=	100	„
„	0,00000001	=	10	„
„	0,000000001	=	1	„

Anderseits ist $\lambda\,\mathrm{m} = \frac{2\pi}{100}\sqrt{\mathrm{C\,cm\,L\,cm}}$; $\mathrm{C} = \frac{\lambda^2\,\mathrm{cm}}{4\pi^2\,\mathrm{L}}$; $\mathrm{L} = \frac{\lambda^2\,\mathrm{cm}}{4\pi^2\,\mathrm{C}}$.

Zur Berechnung werden die Punkte auf den Skalen, die den gegebenen Werten entsprechen, verbunden. Der Schnitt dieser Geraden mit der dritten Skala liefert den gesuchten Wert (Abb. 36).

Beispiel: $\mathrm{L} = 1 \cdot 10^6$ cm; $\lambda = 2000$ m. Welche Kapazität ist zum Abstimmen nötig? Antwort: C = 1000 cm.

29. Welche Vor- und Nachteile weist die Honigwaben- und die Flachspule gegenüber der Zylinderspule auf?

Die Honigwabenspulen sind zylinderförmig und mehrlagig gewickelt, so daß die Windungen nebeneinander, jedoch in einem gewissen Abstand voneinander zu liegen kommen. Wenn sie einfach schraubenförmig (wendelartig) und mehrlagig gewickelt wären, wie dies bei Zylinderspulen der Fall ist, dann würde die

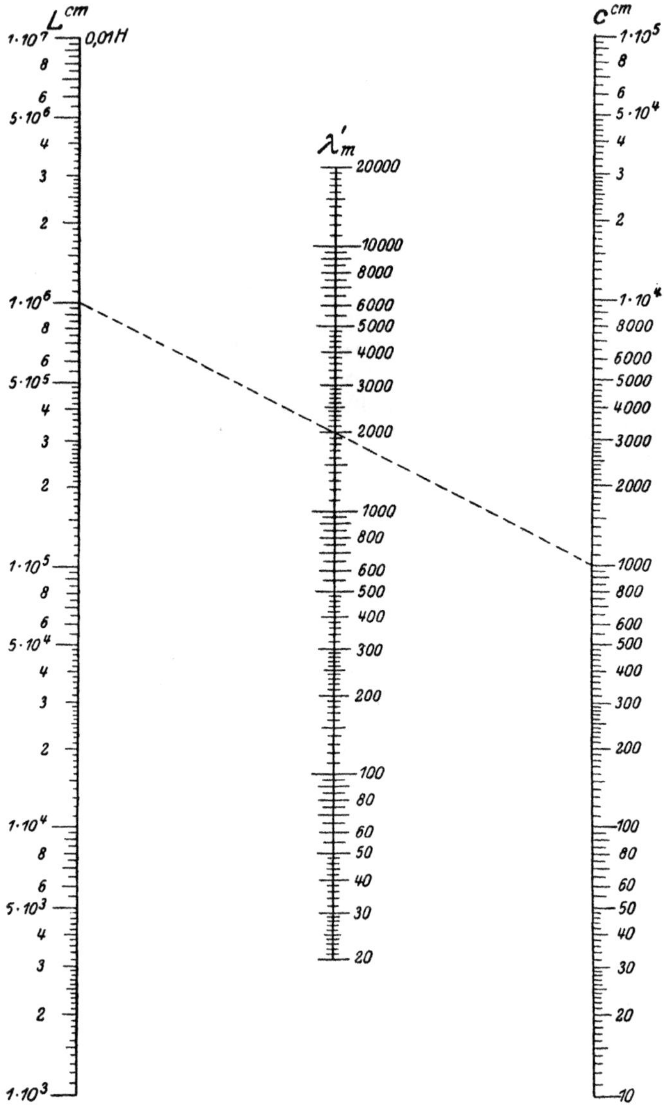

Abb. 36. Zusammenhang von Kapazität und Selbstinduktion mit der Wellenlänge.

Kapazität ihrer Windungen aufeinander schädlich wirken, was eben durch die wabenartige Wicklung möglichst vermieden wird.

Dabei kreuzen sich die Wicklungen und ihre Lagen immer, da sie von einer Zylinderseite zur anderen geführt sind, somit niemals im senkrechten Winkel zur Zylinderachse stehen. Wellenlänge von Honigwabenspulen ist bei gleicher Windungszahl größer als die von Flachspulen. Die Flachspule nimmt hingegen sehr wenig Raum ein, ihre Windungen sind spiralen(wendel)förmig gelagert. Zur Verminderung der Kapazität werden hier die Wicklungen abwechselnd vor und hinter der Normalebene in Segmentausschnitten eines Kartons (Fibre) ausgeführt. Die Kapazität der Spule selbst entsteht dadurch, daß ein Strom, welcher durch die Spule fließt, bei dem einen Ende der Spule ein- und bei dem anderen austritt. Diese Stellen wirken als die Belegungen eines Kondensators aufeinander, und zwar um so mehr, je mehr Draht oder Fläche vorhanden ist und je dünner die Isolation der Drähte ist, da ihre Kupferseelen nahe beieinander zu liegen kommen. 0,4—0,7 mm Durchmesser des Drahtes ist empfehlenswert. Der Vorteil der Waben- und Flachspule ist das Erreichen jeder Wellenlänge durch bloßes Auswechseln der Spulen. Außerdem haben Flachspulen den Vorteil des geringen Raumbedarfes und sehr günstiger Kopplung, aber den Nachteil großer Eigenkapazität. In neuerer Zeit werden auch Zylinderspulen auswechselbar bzw. mit Stufenwicklung hergestellt. Ihre Eigenkapazität ist klein, daher sind sie immer noch für Empfangszwecke besonders geeignet.

30. Welches sind die Vorteile und Fehlerquellen des Variometers?

Das Selbstinduktionsvariometer besteht aus zwei ineinander gesteckten Spulen, die zweckmäßig beide kugelförmig geformt sind, damit ihre Streuverluste so gering als möglich gehalten werden können. Gewöhnlich sind sie beide hintereinander geschaltet, und die wirksame Selbstinduktion einer solchen Anordnung wird innerhalb eines weiten Bereiches durch Verdrehen des inneren Teiles verändert. Zweckmäßig werden die beiden Kugelflächen behufs scharfer Abstimmung möglichst nahe aneinander gebracht. Neuestens werden zur Weiterverminderung von Verlusten die Wicklungen ohne besondere Unterlage, also „körperlos“ aufgebracht, oft bloß durch ein Klebemittel oder die Wicklungsart zusammengehalten. Wird die Verbindung, wenn die beiden Spulenenden zusammengeschaltet waren, gelöst, dann können sie natürlich auch als Koppler (Hochfrequenzkopplungstransformator) wirken. Die eine Wicklung wird zwischen Antenne—Erde geschaltet und die andere mit ihr gekoppelt. Ihre Nachteile sind ihre geringe mechanische Festigkeit. Jedenfalls ist auf verläßliche Stromzuführungen zu achten. Besonders für Detektorzwecke eignen sie sich außerordentlich, da sie praktisch verlustfrei arbeiten und auch wenig Platz einnehmen. Als Abstimmittel sind sie den Kondensatoren vorzuziehen. Eigene Versuche haben ergeben, daß Variometer mit zwei zylindrischen Spulen ein lange nicht so scharfes Maximum ergeben wie Kugelvariometer mit möglichst kleinem Zwischenraum zwischen Rotor und Stator.

31. Wie wird die Lautstärke eines Detektorempfängers ohne Anwendung von Verstärkern vergrößert bzw. ihre Reichweite erstreckt?

Immer häufiger versuchen Amateure mit Erfolg, Auslandsstationen bloß mit Detektor zu hören. Dazu gehört selbstverständlich in erster Linie eine lange, hohe und tadellos isolierte und angelegte Hochantenne sowie ein empfindlicher Detektor selbst. Wenn möglich, empfiehlt sich Nord-Südrichtung. Bei sorgfältigster Einstellung genügt eine Anordnung lt. Abb. 37. Das Kugelvariometer kann auch durch zwei Honigwabenspulen mit Spulenhalter ersetzt werden; noch besser eignen sich aber Flachspulen der zugehörigen Wellenlänge (siehe Tabelle II). Schwierig ist oft die Erreichung einer genügenden Selektivität, um fremde Störungen auszuschließen; dann ist die Anwendung eines Sekundärkreises nötig.

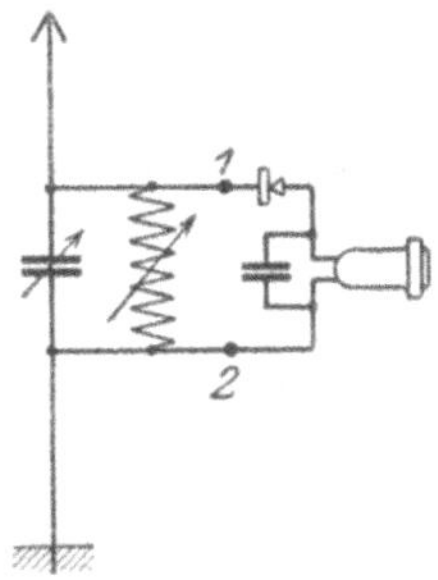

Abb. 37. Drehkondensator mit Variometer für Fernempfang.

(Siehe Fernempfang mit Detektorapparat, Rundfunk, Heft 5, Seite 271.)

32. Worauf beruht die Wirkung eines Kristalldetektors und was ist bei seiner Bedienung besonders zu beachten?

Wenn auch die Detektorwirkung noch nicht vollständig geklärt ist und wahrscheinlich mehrere Effekte (auch Thermokräfte) zugleich wirksam sind, so gilt doch für die Praxis folgende Überlegung:

Aus einer Metallspitze tritt der Strom leichter zu einer Platte aus als umgekehrt (Abb. 38). Die Ladung eines Kondensators findet nämlich auf einer Spitze nicht mehr Platz, wodurch sie nach außen gepreßt wird. Es liegt also das Prinzip Spitze—Platte vor,

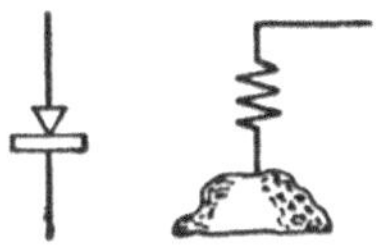

Abb. 38. Zur Gleichrichterwirkung des Kristalldetektors.

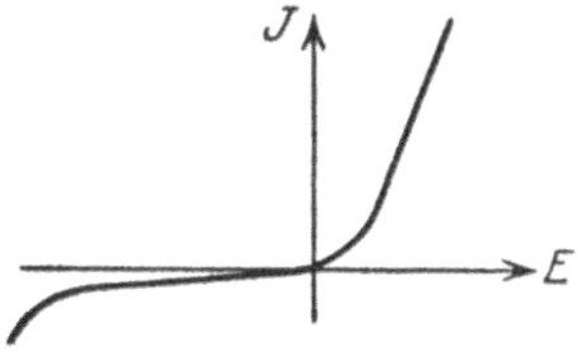

Abb. 39. Kennlinie eines Kristalldetektors.

genau so wie bei vielen Arten von Gleichrichtern. Nach dem gleichen Grundprinzip wird bekanntlich auch jeder Wechselstrom mehr oder weniger gleichgerichtet. Die Gleichrichterwirkung ist in Abb. 39b dargestellt. Die Kennlinie derselben zeigt die Beziehung zwischen der Gleichspannung E und dem fließenden Strom J. Die Hörermembrane kann natürlich den hochfrequenten Schwingungen nicht folgen (Abb. 40a, b, c); die über die Hochfrequenz gelegten Modulationsschwingungen der Sprache oder Musik können, nachdem sie im Detektor gleichgerichtet sind (Kurve *b*), sich im Hörer auch nicht mehr aufheben, da die untere Kurve *b* gewissermaßen wegrasiert ist. Durch das eben erwähnte Gleichrichterprinzip wirkt also lediglich der obere Teil der modulierten Schwingungen auf die Membrane. Es verbleiben daher nur die im Hörer wahrnehmbaren Schwingungen *c*, besonders wenn diesem Hörer noch ein kleiner Kondensator von ca. 2000 cm parallel geschaltet wird, welcher für die Hochfrequenz einen Kurzschluß darstellt. Dieser Blockkondensator ist übrigens meist entbehrlich.

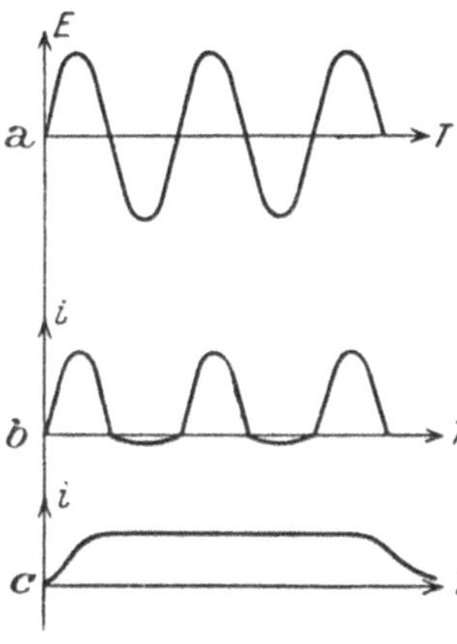

Abb. 40. Verhalten der Wechselspannung zu dem im Hörer wirkenden Gleichstrom.

Besonders zu beachten ist daher eine möglichst vollkommene Gleichrichtung, Reinheit der Kristalloberfläche, feine aber doch kräftige Spitze, der richtige Druck, gute Kontakte zum Kristall (evtl. in Woodsches Metall eingeschmolzen). Die Spitze soll immer senkrecht zur Kristallfläche stehen. Arbeitet der Sender, so muß beim Aufsetzen der Spitze auf den Kristall ein ganz schwaches Rauschen hörbar sein. Der richtige Auflegedruck der Spitze auf den Kristall ergibt sich bald nach einiger Übung.

B. Empfangsgeräte mit Verstärkerröhren.

33. Worauf beruht die Detektorwirkung einer Verstärkerröhre?

Die Elektronenröhre Abb. 41 (Glühkathode, Gitter, Anode im Vakuum) bietet den großen Vorteil, daß sie im Vergleich zum Kristalldetektor hochempfindlich ist, fast keine Antennenenergie verbraucht und keinen Schwellwert hat, so daß selbst äußerst schwach ankommende elektrische Wellen auf das Gitter wirken und in der Röhre gleichgerichtet werden. Auf die Einhaltung der Heiz- und Anodenspannung lt. Vorschrift bei der betreffenden Röhre muß geachtet werden.

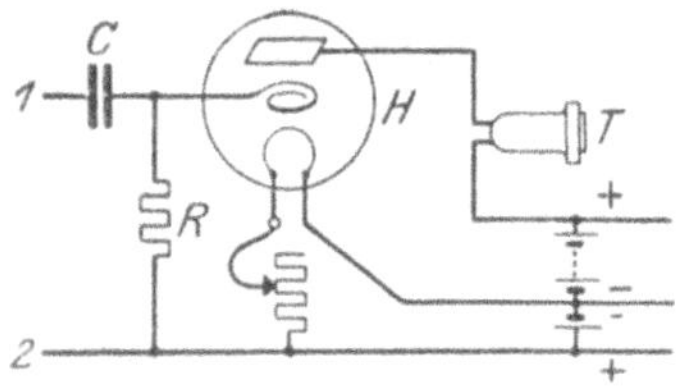

Abb. 41. Verstärkerröhre als Detektor geschaltet.

Der Gitterkondensator C von etwa 100—200 cm sperrt das Gitter ab, so daß die Elektronen, welche in der positiven Halbperiode das Gitter treffen, dieses allmählich negativ aufladen. Diese Gitteraufladung würde, falls der Ableitungswiderstand R (1—2 Megohm) nicht vorhanden wäre, bald so groß werden, daß der Austritt von Elektronen aus der Kathode durch das negative Gitter vollständig gesperrt wäre. Wirkt z. B. eine positive Spannung von der Antenne her auf das Gitter, so wird dieses negativer, der Anodenstrom sinkt; wirkt hingegen ein negativer Spannungsstoß, so tritt die entgegengesetzte Wirkung ein. Der Anodenstrom nimmt nach Aufhören der Aufladung wieder zu, weil sich das Gitter über R langsam entlädt. Solange das Gitter negativ geladen ist, fließt fast kein Strom zur Anode, jedenfalls aber kann zwischen Gitter und Glühkathode kein Stromfluß entstehen, so daß die Anordnung des Gitterkreises keine Energie verbraucht. Die Gesamtheit der Wellenzüge, die in einer Abnahme des Anodenstromes während des Eintreffens von Schwingungen besteht, wird im Hörer *T* hörbar sein. Demzufolge ist bei Störungen besonders zu beachten, daß das Gitter *G* tatsächlich gut isoliert und daß *R* richtig gewählt wurde (evtl. Austauschen), daß die Glühkathode entsprechend den Vorschriften des Röhrenlieferanten richtig, jedenfalls nicht zu stark geheizt wird und daß vor allem die Anodenspannung nicht zu hoch ist. Im allgemeinen eignen sich sogenannte weiche Verstärkerröhren mit Spuren von Restgasen besonders für Detektorzwecke.

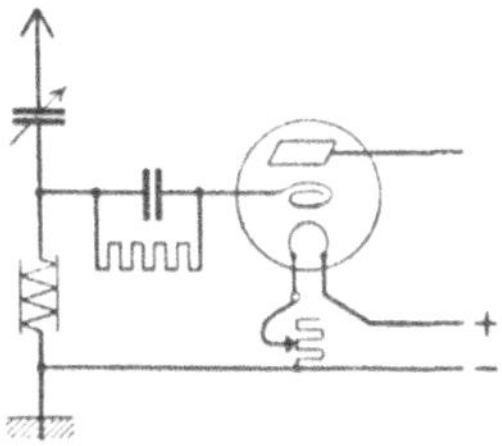

Abb. 42. Detektorröhre.

Die Ableitung des Gitters über den Widerstand, z. B. Silitstab *R* erfolgt lt. Abb. 42 zum negativen Pol, damit kein Strom vom Gitter zum Heizdraht über den Widerstand *R* fließen kann. Ein solcher Strom würde einen Energieverlust bedeuten, muß also unbedingt vermieden werden. Man kann aber auch mit Vorteil lt. Abb. 41 den Widerstand *R* bei einer Detektorröhre an den Pluspol der Heizstromquelle leiten, und zwar an jenen Punkt, wo ein Positiverwerden der Gitterspannung keine Zunahme des Anodenstromes mehr bedingen kann (Sättigungsstrom). In diesem Falle fließt im äußeren Stromkreis Gitterglühkathode zwar ein (Verlust-)Strom, es besteht aber der Vorteil, wie aus Antwort 34 näher hervorgeht, daß die Gleichrichtung vollkommener ist, weil die Röhre an dieser Stelle einen schärferen Kurvenknick aufweist. Zu beachten ist jedenfalls, daß nur für Verstärkerzwecke der Gitterstrom Null sein muß, weshalb für diesen Fall das Gitter über Spule oder Transformator, bzw. Widerstand an den Minuspol der Heizbatterie evtl. sogar unter Zwischenschaltung einer kleinen besonderen Gittervorspannung von 1—2 V. zu legen ist. Zum Zwecke der günstigsten Detektorwirkung hingegen wird, wie schon betont, der Gitterableitungswiderstand günstiger an den Pluspol der Heizbatterie geschaltet (siehe nächste Antwort), doch hängt dies von der Art der Schaltung, den Eigenschaften der Röhre und von der Anodenspannung ab. Jedenfalls ist für die Detektorröhre die Verwendung eines Potentiometers parallel zur Heizbatterie immer nützlich.

Auf die Detektorschaltung der Röhre ohne Gitterkondensator und Ableitungswiderstand (zwischen Gitter und positivem Heizpol) wird hier ihrer geringeren Wirksamkeit wegen nicht eingegangen.

34. Wie wird eine Detektorröhre und deren Schaltung auf richtige Arbeitsweise geprüft und welche hauptsächlichsten Fehler können auftreten?

Bei Störungen ist auch in diesem Falle in erster Linie auf einwandfreie Isolation besonders des Gitterpoles und des Gitterkondensators zu achten. Richtige Wahl der Gitterspannung und des Ableitungswiderstandes ist Bedingung für gutes Arbeiten der Detektorröhre. Zunächst wird auf den Ortssender eingestellt, um zu sehen, ob die Röhre und Schaltung richtig arbeitet. Tritt Knacken im Hörer auf, so ist dies ein Zeichen für langsame periodische Entladungen des Gitterkondensators. In solchen Fällen ist meist die Kapazität des Gitterblockkondensators oder auch der Ableitungswiderstand *R* zu groß gewählt. Wird der Ableitungswiderstand *R* entfernt, so muß dieses Knacken in längeren Zwischenräumen erfolgen. Dann ergibt sich daraus, daß dieser Fehler in dem zu großen Ableitungswiderstand gelegen ist. Bei unklarer Sprache bzw. Musik wird besser der Ableitungswiderstand an den Pluspol der Heizbatterie gelegt. Um aber die vollkommenste Gleichrichterwirkung zu erzielen, wird lt. Abb. 43 an die Pole der Heizbatterie ein Potentiometer von ca. 300—500 Ohm geschaltet, dessen Schiebekontakt über den Ableitungswiderstand zum Gitter führt. Nur auf diese Weise läßt sich die richtige Arbeitsgittervorspannung für die Detektorröhre einwandfrei einstellen. Schließlich kann auch die Heizstromstärke nach Tunlichkeit herabgesetzt werden. Sollten diese Maßnahmen nicht zum vollen Erfolge führen, dann ist die Röhre zu hart, d. h. das Hoch-

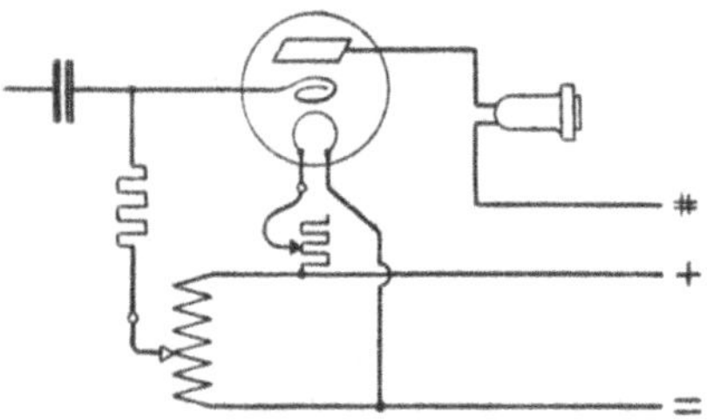

Abb. 43. Verwendung eines Potentiometers bei der Detektorröhre.

vakuum derselben ist für eine Detektorröhre zu groß. Eine solche Röhre eignet sich also nicht für Gleichrichterzwecke.

35. Welche Eigenschaften sollen Röhren für Hochfrequenz- und Niederfrequenzverstärkung aufweisen?

Wie schon in der vorigen Antwort erwähnt, empfehlen sich für Gleichrichterzwecke am besten weiche Röhren mit positiver Vorspannung. Als Hochfrequenz- oder Niederfrequenz-Verstärkerröhren eignen sich meist harte Röhren besser. Sie werden nur mit negativer Gittervorspannung und gleichzeitig mit höheren Anodenspannungen betrieben.

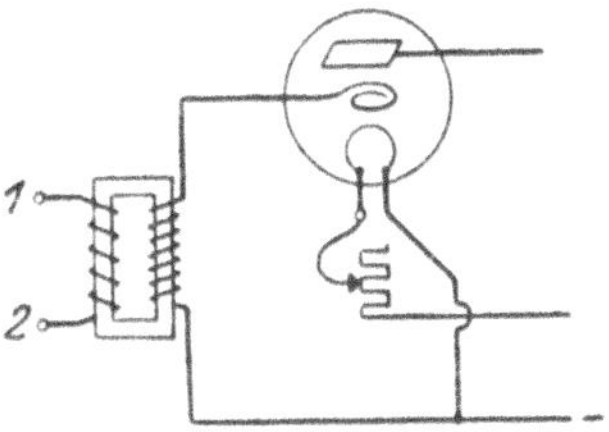

Abb. 44. Niederfrequenzverstärkung.

Wie Abb. 44 zeigt, wird der zu verstärkende Strom zwischen 1 und 2 zu einem Niederfrequenzverstärker geleitet, dessen Windungen im Verhältnis von etwa 1 : 4 bis 1 : 10 — auch höher — stehen. Die Sekundärwicklung dieses Transformators liegt einerseits am negativen Pol der Heizbatterie, anderseits am Gitter der Verstärkerröhre. Durch die richtige Einstellung des Heizwiderstandes ergibt sich infolge des Spannungsabfalles an den eingeschaltet gebliebenen Windungen des Heizwiderstandes die einigermaßen richtige Gittervorspannung (Gitter negativ, Glühkathode um den Spannungsabfall im Widerstand positiv). Besser aber stellt man mittels dieses Widerstandes gleich auf den richtigen, d. h. vorgeschriebenen Spannungsabfall im Glühdrahte ein, damit die zulässige Höchststromstärke im Glühdrahte keinesfalls überschritten werden kann. Zwischen der Gittervorspannung und dem davon abhängigen Anodenstrom gelten die bekannten Beziehungen der Kennlinie lt. Abb. 45. Aus denselben ist ersichtlich, daß bei zunehmender Gitterspannung der Anodenstrom steigt. Verlustfrei geschieht

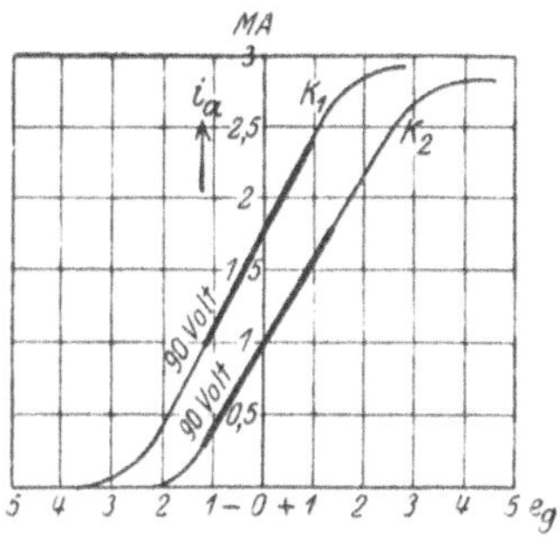

Abb. 45. Kennlinie der Verstärkerröhre.

dies aber nur im negativen Bereich, also links von Null. Wie die Abb. 45 zeigt, wandern bei zunehmender Anodenspannung die Kurven nach links, weshalb in diesem Falle größere negative Vorspannungen notwendig sind. Wie ferner ersichtlich, ist die Kurve gegen das negative Ende weniger scharf ausgeprägt als gegen das positive Ende, wo das Maximum der Stromstärke (= Sättigungsstrom) ziemlich plötzlich erreicht wird. Das ist auch der Grund, warum in Antwort 34 die Anschaltung des Gitterableitungswiderstandes bei der Detektorröhre an das positive Ende empfohlen wurde. Schließlich beachte man, daß die Steilheit dieser Kennlinien bei negtiver Vorspannung bzw. bei höherer Anodenspannung größer ist.

36. Wie wird der Härtegrad einer Röhre festgestellt?

Am einfachsten geschieht dies mit einer Glimmlampe, die in Reihe zwischen Gitter- und Anodenpol der Röhre geschaltet wird, wobei man die Glimmlampe entweder vom Ortsstarkstromnetz oder besser aus einer Anodenbatterie speist. Bei schlechtem Vakuum tritt ein geringes Glimmen der Röhre ein, das bei harten Verstärkerröhren nicht zu bemerken ist.

37. Welche Mängel treten allgemein bei Verstärkerröhren auf?

Häufig sind, wenn die Röhre nicht normal brennt, eventuell das Licht flackert und die Röhre stoßempfindlich ist, unvollkommene Steckkontakte die Schuld. Die Kontaktstifte werden mit einem Messer leicht auseinandergepreßt, gegebenenfalls abgeschmirgelt. Nach längerem Gebrauche bzw. bei übermäßiger Heizung werden die Röhren meist „ionisiert", d. h. ihre Verstärkerwirkung hört auf, weil die aus den Elektroden bzw. Glaswänden frei werdenden Gasreste leitend werden und einen schädlichen Nebenschluß zwischen Glühkathode und Anode verursachen, so daß die Steuerung des Gitters wirkungslos wird. Solche Röhren sind in ihrer derzeitigen Bauart, trotzdem der Glühfaden intakt ist, gänzlich unbrauchbar. Die Audion- und Niederfrequenzröhren müssen bei leichtem Klopfen mit dem Fingernagel, wenn die Schaltung richtig ist, ein leichtes Klingen im Hörer hervorrufen. Bleibt dieses aus, dann ist meist keine Anodenspannung an der Röhre vorhanden oder die Gitterleitung z. B. am Steckkontakt unterbrochen. Zum Schutze des Glühdrahtes gegen eine ungewollte Berührung mit dem Anodenstrom empfiehlt sich stets das

Anbringen einer Anodensicherung am positiven Pol der Anodenbatterie entweder mittels eines feinen Drahtes von 0,03 mm Stärke oder besser eines Silitstabes von 1000 Ohm bzw. einer normalen fünfkerzigen Glühlampe.

38. Was ist bei Verstärkerröhren besonders zu beachten und welche Eigenschaften soll der zugehörige regelbare Heizwiderstand aufweisen?

Die Betriebsbedingungen, die von dem Röhrenerzeuger erhalten werden, sind immer möglichst genau zu befolgen. Insbesondere soll stets der richtige Vorschaltwiderstand, sowie beim Betrieb der Röhren der richtig bemessene Akkumulator verwendet werden, damit ein Durchbrennen der Röhre sicher verhütet wird. Verstärkerröhren mit gewöhnlichem Wolframdraht, 0,5 Amp. Heizstrom, benötigen einen regelbaren Heizwiderstand bis zu 10 Ohm, Sparröhren hingegen mit einem Heizstrom von etwa 0,07 Amp. (Oxyd- bzw. Thoriumröhren) benötigen einen Vorschaltwiderstand von 50 Ohm. Werden Oxyd- oder Thoriumröhren überheizt, so daß sie nicht mehr gut verstärken, so läßt man sie etwa 20 Minuten hindurch ohne Anodenspannung bei der vorgeschriebenen Stromstärke brennen, worauf sie wieder aktiv werden. Das Wichtigste beim Heizwiderstand ist ein verläßlicher Kontakt und gute Kühlung. Letzteres kommt aber nur bei Röhren mit blanken Wolframdrähten in Betracht. Für jede Verstärkerröhre soll ein eigener Heizwiderstand vorgesehen werden. Auf erstklassiges Isoliermaterial ist zu achten, damit nicht störende Gitterkriechströme auftreten können. Ferner soll sich der Heizwiderstand sprungfrei regulieren lassen. Vollkommene Heizwiderstände haben nebst einer Grobeinstellung noch eine Feineinstellung. Diese kann besonders bei Versuchen durch die Vorschaltung eines zweiten Heizwiderstandes in Reihe ersetzt werden, doch soll der zweite Widerstand möglichst höherohmig sein. Noch wirksamer ist aber das Parallelschalten der Heizwiderstände.

39. Wie wird auf die günstigste Gittervorspannung eingestellt?

Dies kann durch einen zweiten Schieber am Heizwiderstand geschehen, besonders wenn wie bei Oxyd- und Thoriumröhren ohnehin dieser Widerstand höherohmig ist. Dadurch wird auch eine feinere Einstellung ermöglicht. Es empfiehlt sich aber, insbesondere bei hochwertigen Amateurgeräten, ein eigenes Potentiometer zwischen den negativen und positiven Pol der Batterie zu schalten (siehe Abb. 46), um für die jeweilige Anodenspannung sowie Röhrenkennlinie die günstigste Gleichstromvorspannung für die Röhre bzw. auch gleichzeitig für mehrere Röhren zu erhalten. Wichtig hierbei ist, daß die Verstärkung nicht nur auf der negativen Seite der Kennlinie, sondern auch auf ihrem **geraden** Teil erfolgt. Auch hier ist auf guten, gleichmäßigen Kontakt besonders zu achten. Tadelloser Isolationswiderstand, besonders auf der Sekundärseite, der zwischen Gitter und Anode 10—50 Megohm betragen soll, ist Grundbedingung.

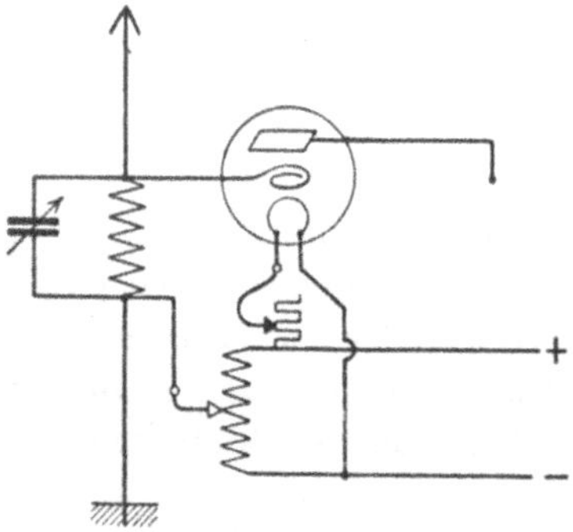

Abb. 46. Verwendung eines Potentiometers bei der Hochfrequenzröhre.

40. Wie wird an Röhren gespart bzw. deren Lebensdauer verlängert?

Es geschieht dies durch das Vermeiden von auch kurzzeitigen Überheizungen. Außerdem ist es angezeigt, den negativen Pol der Anodenbatterie nicht, wie meist üblich, an den negativen Pol der Heizbatterie, sondern an deren positiven zu legen (Abb. 47), wodurch gleichzeitig auch die wirksame Anodenspannung steigt. Wird bei Detektorröhren mit normaler Anodenspannung gearbeitet, dann muß die Glühkathode dieser Röhre, damit sie einwandfrei wirkt, stärker geheizt werden. Kennlinie *K 1*. Nun ist es aber günstig, bei Detektorröhren mit kleinerer Anodenspannung auszukommen. Wird nun die Anodenbatterie mit dem Akkumulator lt. Abb. 47 geschaltet und die kleinere Anodenspannung verwendet, dann kommt man auch mit einer kleineren Heiztemperatur aus. Siehe Kennlinie *K 2* in Abb. 45.

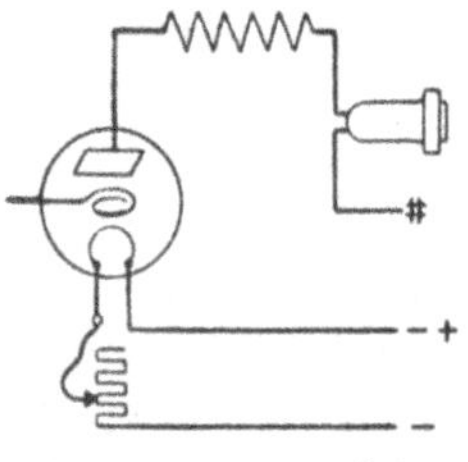

Abb. 47. Heiz- und Anodenbatterien in Serienschaltung.

41. Unter welchen Bedingungen wirkt der Niederfrequenzverstärker am günstigsten und welche Fehler kommen meist vor?

Vollkommene Verstärkung einer Röhre wird auftreten, wenn kein Gitterstrom fließen kann, was bei den gegenwärtigen Verstärkerröhren etwa bei — 1 Volt (also negativer Vorspannung) erreicht wird. Da eine sehr kleine Änderung der Gitterspannung eine möglichst große Änderung des Anodenstromes herbeiführen soll (Steilheit), empfiehlt es sich, die verschiedenen Röhren daraufhin miteinander zu vergleichen. Eine möglichst große Änderung der Gitterspannung durch den zu verstärkenden Wechselstrom entsteht daher dann, wenn dieser nicht unmittelbar, sondern erst über einen Transformator auf das Gitter einwirkt. Dieser Vorübertrager soll kapazitätsfrei geschaltet sein. Gemäß Abb. 48 hat man sich nämlich vorzustellen, daß die primären und sekundären Windungen in ihrer Gesamtheit zwei Belegungen eines Kondensators darstellen, der als zur Sekundärwicklung parallel geschaltet gedacht werden muß und welcher die Leistung des Transformators herab-

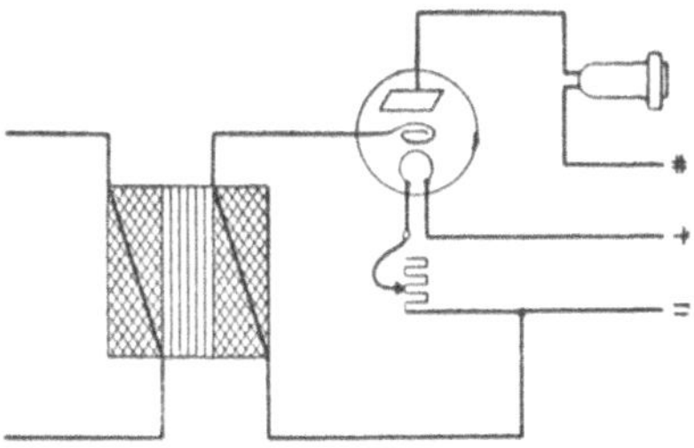

Abb. 48. Schädliche kapazitive Nebenwirkung des Transformators bei Verstärkerröhren.

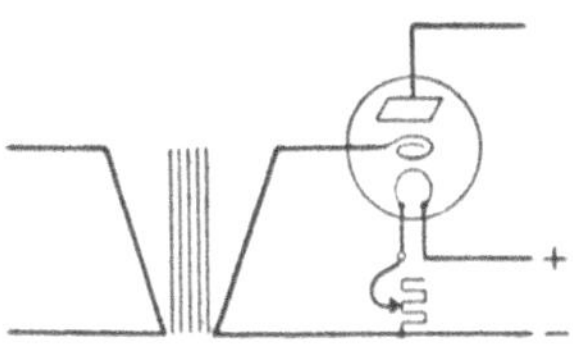

Abb. 49. Richtige Prinzipschaltung von Niederfrequenztransformatoren.

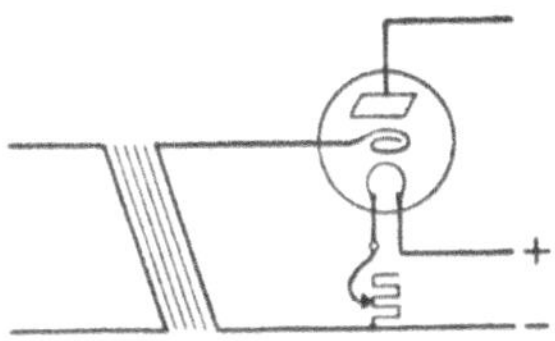

Abb. 50. Kapazitive Schädigung der Verstärkung.

drückt. Daher muß das Ende der Sekundärwicklung lt. Abb. 49 zum Gitter führen und der Anfang der Primärwicklung jenem der Sekundären am nächsten stehen, damit nicht der kapazitiv ungünstigste Fall der Abb. 50 eintritt. Besteht Pfeifen und Sprachverzerrung, dann wird also geprüft, ob Umpolen der Anschlüsse primär oder sekundär eine Verbesserung ergibt. Im gleichen Sinne muß auch bei einem Ausgangstransformator dieser Gesichtspunkt berücksichtigt werden, besonders wenn die Sekundäre dieses Nachübertragers behufs Entkopplung irgendwie mit der Primären des Vorübertragers verbunden ist. Die Transformatoren sollen möglichst keine ausgesprochene Resonanzlage aufweisen. Die Spulen sollen in Paraffin unter Vakuum bei 120—140^0 behandelt werden, damit auch die letzten Spuren von Feuchtigkeit, die früher oder später Windungs- oder Lagenschluß verursachen könnten, vermieden werden. Wenn diese Umstände nicht beachtet werden, dann sinkt die Verstärkung oft sehr beträchtlich, besonders in feuchten Räumen. Werden Ausgangstransformatoren verwendet, dann müssen diese so angeordnet werden, daß sie durch ihre Streuung den Eingangstransformator nicht schädlich induzieren können. Am einfachsten werden diese senkrecht aufeinander angeordnet; auch kann der eine derselben, und zwar am besten der Eingangstransformator, mit einem eisen- und kupfergeschlossenen Blechkasten umgeben werden. Die Transformatoren beim Röhrenverstärker besorgen aber nicht allein das Hinauf- bzw. Herabtransformieren der Spannung, sondern sie üben noch eine zweite noch wichtigere Funktion aus: Eine Röhre wirkt bekanntlich dann am besten, wenn ihr innerer Widerstand gleich ihrem äußeren ist. Dies gilt sowohl für den Gitter- wie für den Anodenkreis. Der Gitterkreis besitzt aber den größeren inneren Widerstand (etwa 1—5 Megohm), da ja kein Gitterstrom fließen darf. Die Transformatoren sind also so zu wählen, daß Wechselwiderstand des Transformators möglichst gleich dem inneren Röhrenwiderstand ist. Daher ist beim Eingangstransformator ein hohes Übersetzungsverhältnis günstig. Beim Ausgangstransformator ist es aus dem gleichen Grunde richtiger, die Sekundärwicklung in den Anodenkreis zu schalten und den Hörer an die Primärspule anzuschließen.

42. In welcher Weise werden die Niederfrequenztransformatoren geprüft?

Die Prüfung erfolgt auf Isolation mit dem Glimmlampenprüfer, auf Kapazität mit der gleichen Vorrichtung oder dem Wellenmesser. Transformatoren enthalten häufig zu wenig Eisen oder letzteres ist zu lose und mit zuviel Luftwiderständen gepackt.

In diesen Fällen tritt Tonverzerrung, sowie Schwächung der Lautstärke auf. Die einfachste Prüfung besteht in einem Vergleich mit einem andern Transformator erwiesen guter Beschaffenheit mit Hilfe eines Hebelschalters, der gleichzeitig die Primär- und die Sekundärspule auswechselt. Siehe Antworten 11, 16, 17 und 44.

43. Welche Störungen treten bei einer Verstärkerröhre hauptsächlich auf?

Bleibt die Verstärkung aus, dann ist meist entweder einer der Steckkontakte oder eine Drahtverbindung mangelhaft. Oft ist der letztere Fehler schwer zu erkennen, weil etwa der Draht nahe einer Lötstelle abgebrochen ist, aber doch nicht sichtlich absteht und dgl. m. Wenn die Heizstromquelle richtig gepolt, die Anodenbatterie in Ordnung und richtig mit ihrem negativen Pol an den negativen (oder positiven) Pol der Heizstromquelle geschaltet ist und trotzdem eine Verstärkung nicht festgestellt werden kann, dann liegt der Fehler entweder an der unrichtig eingestellten Gittervorspannung oder an einem durchgeschlagenen Transformator bzw. an der Verstärkerröhre selbst, die, wenn sie brennt, „ionisiert" ist.

44. Wie wird bei einem Niederfrequenzverstärker vollkommenste Verstärkung erreicht?

Es ist dies der Fall, wenn sowohl niedrige Frequenzen, etwa 20 Perioden, als auch hohe, etwa 5—10000 Perioden, möglichst gleichmäßig verstärkt werden. Ein guter Transformator hat nur eine wenig ausgeprägte Resonanzlage. Ferner ist darauf zu achten, daß möglichst wenig Nebengeräusche auftreten. Dies wird erreicht durch eine einwandfreie Heizstromquelle und insbesondere durch eine Anodenbatterie, die nicht zu sehr abgenutzt sein darf. Wird der Anodenbatterie eine größere Kapazität parallel geschaltet, etwa 1—2 μF, dann verschwinden gewöhnlich die Geräusche, die bei älteren Anodenbatterien immer vorhanden sind. Diese weisen nämlich einen hohen inneren Widerstand auf, der schädlich ist, da insbesondere bei Hochfrequenz ein Spannungsabfall in einer solchen Batterie entsteht, wodurch die Reinheit der Verstärkung nachteilig beeinflußt wird. Durch die vermehrte Gasbildung entstehen in den einzelnen Zellen überdies sehr störende Nebengeräusche. Man verwende jedenfalls nur Niederfrequenztransformatoren erster Firmen. Sollte die Sprache und Musik noch immer nicht rein und unverzerrt klingen, dann ist meist eine Überbeanspruchung (das sogenannte Überschreien) der Röhren besonders bei den höheren Verstärkungsstufen vorhanden. Es muß daher strenge darauf gesehen werden, daß die Leistung der Röhren mit den höheren Verstärkungsgraden zunimmt, so daß die Maximalamplitude der Tonströme keinesfalls so groß ist, daß der gerade Teil der Kennlinie lt. Abb. 45 überschritten wird. Ist dies nach unten oder oben der Fall, dann ist es mit der proportionalen Verstärkung vorbei. Es bleibt in solchen Fällen nichts übrig, als Röhren mit stärkerem Heizstrom zu wählen, die gewöhnlich die Bezeichnung „für Lautsprechzwecke" tragen. In manchen Fällen empfiehlt es sich, zwischen der Eingangs- und Ausgangswicklung der Vor-, Zwischen- und Nachübertrager je einen Kondensator von höchstens 0,1 μF zu schalten. Wird an einen Kristalldetektor ein Niederfrequenzverstärker geschaltet, dann erweist es sich zur Verminderung von Störgeräuschen und gleichzeitiger Erhöhung der Lautstärke oft als vorteilhaft, die negative Heizleitung mit der Erde zu verbinden, d. h. die Primär- und Sekundärwicklung des Vorübertragers einpolig kurzzuschließen.

45. Wie wird die Lautstärke eines Detektorempfängers durch Niederfrequenzverstärkung gesteigert?

Reicht ein Detektorempfänger auch mit guten Kristalldetektoren nicht aus, dann empfiehlt sich die Zuschaltung statt eines Einfachverstärkers in den meisten Fällen gleich jene eines Zweifachverstärkers und zwar zweckmäßig gleich abstöpselbar laut Abb. 51a. Die Transformatoren haben das Übersetzungsverhältnis 1 : 3 bis 1 : 7, sind selbstverständlich immer eisengeschlossen. Es empfehlen sich folgende Windungen für dieselben:

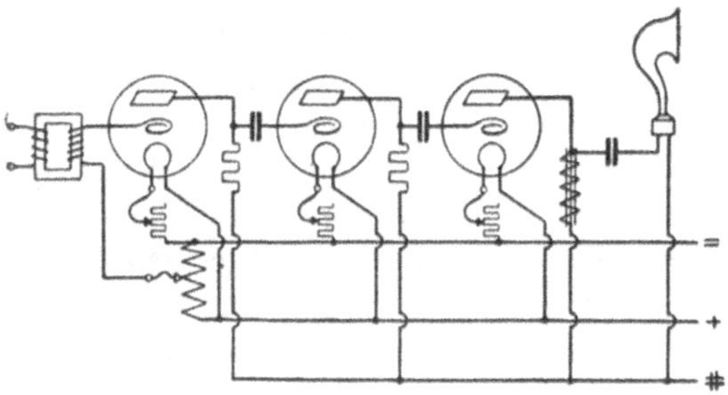

Abb. 51a. Mehrstufige Niederfrequenzverstärkung, Widerstandskopplung.

12000 : 36000, 4000 : 20000 und 4000 : 28000.

Im Eingangskreise ist grundsätzlich ein möglichst hohes Übersetzungsverhältnis, etwa 1 : 20, vorzuziehen. Grundsätzlich soll der Heizwiderstand auf der negativen Seite der Röhre liegen. Wird ein Potentiometer verwendet, dann werden die Sekundärwicklungen der Übertrager an den Gleitpunkt des Potentiometers gelegt, welch letzteres parallel zur Heizstromquelle geschaltet ist. Wird ein Ausgangstransformator verwendet, was sich nur für Lautsprecher oder niederohmige Hörer empfiehlt, dann hat, je nach seinem Zwecke, das Windungsverhältnis etwa 5 : 1 zu betragen; selbstverständlich kommt in diesem Falle die hochohmige Wicklung in die Anodenseite. Bei Röhrenapparaten aber wird der Ausgangstransformator meist weggelassen und der höherohmige Hörer unmittelbar in die Anodenleitung gelegt. Sollte die Anordnung pfeifen, dann liegt der Fehler meist entweder an einer zu starken Heizung oder an einer ungewollten Rückkopplung der Transformatoren aufeinander. Solche Störungen entstehen durch unzweckmäßige Führung der Anoden- und Gitterdrähte, die möglichst weit auseinanderliegen und dabei doch auf den kürzesten Weg geführt sein sollen, damit sie sich möglichst wenig kapazitiv beeinflussen können. Eine Pfeifneigung entsteht auch durch unvollkommene Isolation der Windungen oder durch nicht ganz entgaste Röhren, die in ihrer Verstärkung zu labil sind. Bei Mehrfachverstärkern, bei denen die Einzelteile nicht auf einem erstklassigen Isolierstoff gebaut sind (Hartgummi), tritt bisweilen durch unvollkommene Isolation zwischen dem Ausgangs- und dem Eingangskreis eine ungewollte Rückkopplung auf. Deshalb sollen eben die stromführenden Einzelteile besonders bei Mehrfachverstärkern grundsätzlich nicht auf Holz, sondern auf einem hochwertigen Isoliermaterial (Hartgummi) gebaut sein. Im übrigen tut gut getrocknetes Weichholz, das durch längere Zeit in Paraffin bei 140° gekocht und langsam erkalten gelassen wurde, auch als Isolierstoff seine Schuldigkeit. Eine Pfeifneigung wird oft auch durch mechanische Erschütterungen gefördert, weshalb ein Mehrfachverstärker immer auf nicht zu kleinen Gummipufferfüßen stehen sollte. Ferner kann an Sprachverzerrungen oder an der Pfeifneigung noch die Gitteranodenkapazität schuld tragen, weshalb die Gitter aufeinanderfolgender Röhren zweckmäßig über einen kleinen Kondensator (bis 20 cm Kapazität), verbunden werden, um die kleinen Röhrenkapazitäten aufzuheben, denn die Gitterpunkte aufeinanderfolgender Röhren sind in ihrer Phase um 180° verschoben. Solche Hilfskondensatoren bestehen aus zwei verdrillten Drahtverbindungen, wenn nicht eine solidere Konstruktion vorgezogen wird. Bei noch bestehender Pfeifneigung werden die Transformatoren möglichst weit und senkrecht zueinander gestellt und durch Eisen- und Kupfermäntel abgeschirmt, die geerdet bzw. mit dem negativen Pol der Heizbatterie verbunden werden. Ebenso wird auch das Grundbrett bzw. der Kasten mit Stanniol oder Blech ausgekleidet. Jedenfalls empfiehlt es sich, bei Mehrröhrenapparaten metallische Zwischenwände zwischen den Röhren anzubringen, wodurch letztere vor gegenseitigen Störungen abgeschirmt werden.

46. Wie wird die reinste Mehrfachverstärkung erzielt?

Da die Transformatoren unvermeidlicherweise gewisse Resonanzlagen aufweisen, muß behufs reinster verzerrungsfreier Verstärkung die Benutzung von Transformatoren möglichst eingeschränkt werden. Deshalb verwendet man laut Abb. 51b die Widerstandskopplung[1]). Die Silitstäbe im Anodenkreise sind natürlich dem Anodenwiderstande der Verstärkerröhre anzupassen (gewöhnlich ca. 50000 Ohm). Der Gitterkondensator hat bei Niederfrequenzverstärkern ca. 0,1 μF., bei größeren Verstärkungen bis zu 2 μF. Die richtige Wahl dieser Kondensatoren und der Silitstäbe hängt von den verwendeten Röhren ab. Bei Silitstäben kann es vorkommen, daß sie die angegebenen Widerstände infolge Feuchtigkeitsaufnahme nicht genau aufweisen. Daher empfiehlt es sich, sie vorsichtig zu trocknen und gleichmäßig mit

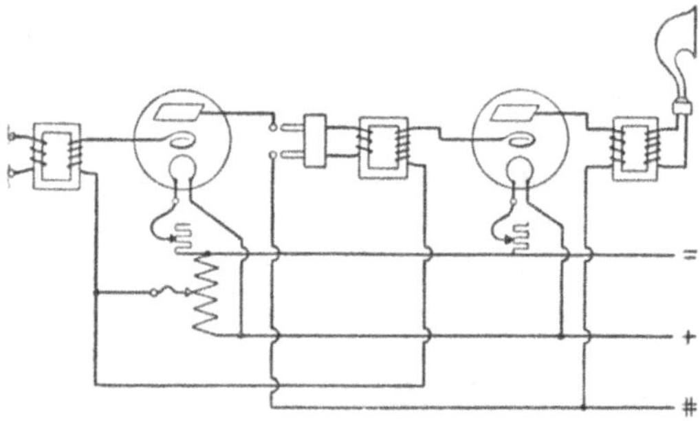

Abb. 51b. Zweistufige Niederfrequenzverstärkung, Transformatorkopplung.

[1]) Siehe österr. Patent Nr. 89574 Ing. Siegmund Strauß.

Paraffin zu überziehen. Jedenfalls muß darauf geachtet werden, daß der Mehrfachverstärker vollkommen erschütterungsfrei aufgestellt wird, um ein Tönen zu vermeiden. Aus dem gleichen Grunde ist es angezeigt, den etwa benutzten Lautsprecher mehrere Meter vom Mehrfachverstärker entfernt aufzustellen, und zwar so, daß der Trichter den Lampen abgewendet ist. Statt des Transformators empfiehlt sich besonders bei Benutzung von Lautsprechern die Anwendung einer zweckmäßig in Eisenfeilspäne gelegten Drossel *D* lt. Abb. 51. Wie ersichtlich wird hier der Anodengleichstrom vom Lautsprecher selbst vorteilhaft ferngehalten. Die Spannungsschwankungen der ganzen Anodenableitung werden in der Eisendrossel am günstigsten ausgenützt.

47. Wie wird ein fertiges Röhrenempfangsgerät, von einer verläßlichen Fachfirma stammend, in einfacher Weise geprüft?

Die Niederfrequenzverstärkung prüft man am einfachsten durch Anlegen eines Mikrophons mit hintereinander geschalteter Taschenbatterie an die Eingangsseite des Eingangstransformators. Dann muß bei ein- oder zweifacher Niederfrequenzverstärkung im Anodenkreis jeder Röhre die Sprache rein und entsprechend verstärkt gehört werden. Ob eine Verstärkerröhre, die als Detektor wirkt, richtig arbeitet, ergibt sich durch Zwischenschaltung des Hörers in die Anodenseite dieser Röhre. Ist der eine Pol des Hörers im Stromkreise, dann muß bei Anlegen des anderen Poles an die Anodenbatterie ein Knacken bemerkt werden, und wenn mit dem Fingernagel leicht an die Röhre geklopft wird, muß ein schwaches Tönen eintreten.

Ist im Niederfrequenzkreis keine genügende Verstärkung wahrnehmbar, dann liegt meist der Vorübertrager, gegebenenfalls auch der Nachübertrager, nicht richtig am Gitter. Die Eigenkapazität des Niederfrequenztransformators soll nämlich möglichst klein sein, damit sie keinen schädlichen Nebenschluß zur Sekundären bildet (siehe Abb. 49).

Sollte keine Verstärkung auftreten bzw. der Empfang ganz ausbleiben, dann liegen entweder ein Drahtbruch, mangelhafte Kontakte oder ein teilweiser Kurzschluß benachbarter Windungen im Transformator vor. Letzteres läßt sich mit Hilfe des Glimmgerätes (Abb. 5) feststellen.

48. Was ist für eine systematische und gründliche Untersuchung des Empfangsgerätes zunächst erforderlich?

Es muß vor allem das Schaltbild der Station aufgenommen werden, und zwar am zweckmäßigsten in folgender Weise: Es werden sämtliche Teile des Empfängers so wie sie örtlich liegen, auf einem nicht zu kleinen Bogen Papier mit allen bestehenden

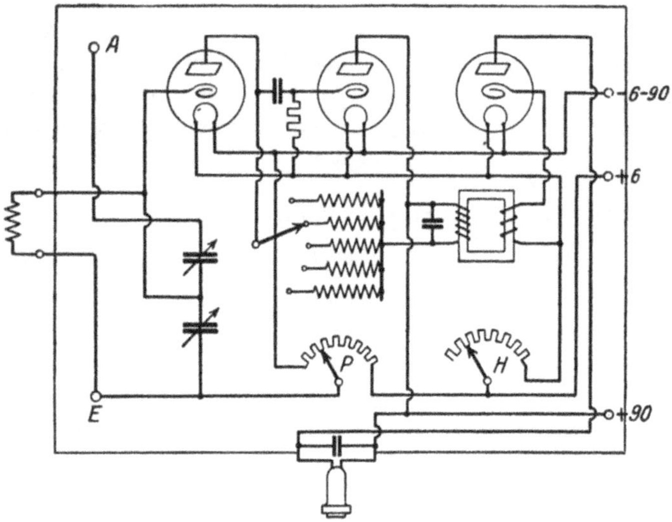

Abb. 52. Beispiel eines Innenmontierungsschemas.

Verbindungen und Bestandteilen herausgezeichnet, und zwar mit ihren normalen Bezeichnungen (s. Abb. 52). Dieses Innenmontierungsschema wird wiederholt gründlich geprüft, um vor ungewollten Mißdeutungen oder eingeschlichenen Irrtümern bestimmt sicher zu sein. Es empfiehlt sich ferner, auf diesem Innenmontierungsschema sämtliche Einzelteile von links nach rechts bzw. von oben nach unten fortlaufend mit arabischen Ziffern zu versehen. Dann erst wird an die physikalisch einfachste Herauszeichnung der Schaltungselemente und ihrer Verbindungen geschritten und die oben angeführten Bezeichnungsziffern auch in das physikalische und möglichst normalisierte Schaltbild übertragen (s. Abb. 53). Nun kann die sachgemäße Prüfung der Einzelteile beginnen, da ihre unmittelbaren Zusammenhänge und

Wirkungsweisen nunmehr klar zutage liegen. Erweist sich der eine oder der andere Bestandteil als fehlerhaft, wobei immer systematisch schrittweise vorzugehen und auszuprobieren ist, und zwar meist vom Antennenkreise aus, dann ersetzt man die als unverläßlich vermuteten Einzelteile durch erprobte Ersatzteile. Es empfiehlt sich also, um auf die Fehler zu kommen, den Emp-

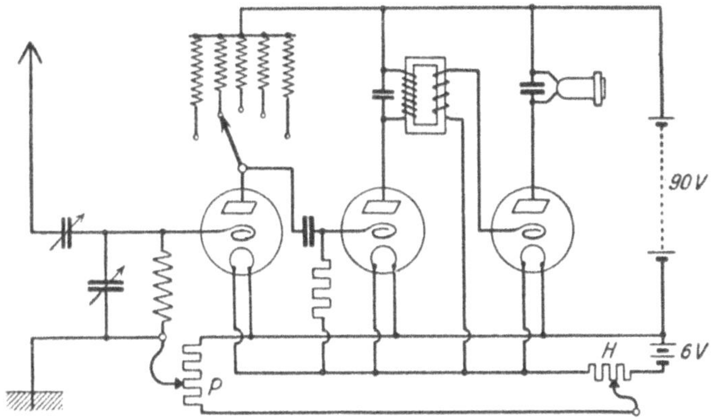

Abb. 53. Vereinfachtes Schaltbild eines Innenmontierungsschemas.

fänger in seinen Einzelteilen schrittweise in Betrieb zu setzen. In erster Reihe sind natürlich die Stromquellen, ihre Verbindungen und die Röhren, sowie die Röhrenkontakte und Schnüre nachzuprüfen.

49. Wie wird bei Fehlern eine Röhrenempfangsstation im allgemeinen systematisch und gründlich untersucht?

Vor allem ist festzustellen, ob überhaupt nichts zu hören ist, oder welche Art von Störgeräuschen (Pfeifen, Rauschen, Tröpfeln usw.) auftritt. Zuerst wird bei angeschalteter Antenne und Erde die Station geprüft. Ist überhaupt nichts zu hören, dann sind die Stromquellen auf Spannung und gehörige Stromkapazität sowie auf die richtige Polarität zu prüfen. Ferner ist besonders auf gute und verläßliche Schraubenverbindungskontakte, etwa gelockerte oder abgefressene Lötstellen zu achten und ganz besonders auf manchmal nicht leicht zu entdeckende Drahtbrüche bzw. auf mit Isolation eingeklemmte, daher mangelhaft kontaktgebende Drähte. Die Abhilfe ergibt sich von selbst, indem, wenn nötig, jede Verbindung gründlich und systematisch auf Kontakt mit Prüfsummer oder Glimmlampe untersucht wird (Antwort 12, 13, 14). Selbstverständlich sind ganz besonders unbeabsichtigte Drahtberührungen oder ungewollte Kontakte zu vermeiden bzw. aufzufinden, ebenso störende, unbeabsichtigte, meist kapazitive Beeinflussungen von Leitungsführungen. Ist bei angeschalteter Antenne und Erde keine Verstärkung vorhanden, dann wird der Apparat bei abgeschalteter Antenne und Erde geprüft. In diesem Falle muß vollkommene Ruhe im Hörer eintreten, es sei denn, daß im Apparat etwa eine besonders starke Rückkopplung vorhanden ist, worauf bei Nullstellung aller drei Kondensatoren ein Pfeifen auftreten kann. Dies ist aber noch nicht als Fehler zu werten (Selbsterregung ohne Antenne). Ist auch diese Untersuchung ergebnislos geblieben, dann wird ein Innenmontierungsschema gemäß der Antwort 48 aufgenommen, das physikalische Schaltbild daraus entwickelt und die Fehler im Sinne der genannten Antwort systematisch aufgesucht und behoben.

50. Wie wird die Detektorröhre in einem Empfangsgerät geprüft?

Der Hörer wird in den Anodenkreis der Detektorröhre geschaltet und die dahinterliegenden Verbindungen vorübergehend unterbrochen. Es wird auf den Ortssender abgestimmt. Sollte dieser gut empfangen werden, dann liegt der Fehler an den folgenden Röhren mit Zubehör. Sollte der Empfang undeutlich sein, dann wird entweder die Anodenspannung erniedrigt, oder es wird mittels Potentiometers der Arbeitskontakt mehr gegen das positive Ende der Heizbatterie verschoben. Schließlich kann auch die Spannung der Heizbatterie herabgesetzt werden. Sollten diese Maßnahmen nicht zum vollen Erfolge führen, dann ist die Detektorröhre zu hart, d. h. sie ist für Detektorzwecke zu stark evakuiert.

51. Welche Fehler können bei einer Hochfrequenzverstärkung auftreten?

Grundsätzlich ist die Verstärkung von Hochfrequenz gleichartig jener von Niederfrequenz in bezug auf die Verstärkerröhre selbst und die zugehörige Gittervorspannung, nur ist diese Verstärkung an sich nicht abhörbar. Hört man etwa doch bei probeweisem Zwischenschalten des Hörers in den Anodenkreis der Hochfrequenzröhre, dann liegt eine unbeabsichtigte Gleichrichtung dieser Röhre vor. Dies muß aber vermieden werden, denn sie bildet das Grundübel der Sprachverzerrung. Zu diesem Zwecke muß die Anodenspannung vergrößert werden, und das Gitter bekommt durch Verstellen des Potentiometers eine stärker negative Vorspannung. Bei Nichtverschwinden der Gleichrichterwirkung muß die Röhre ausgewechselt werden. Bei besonders hochwertigen

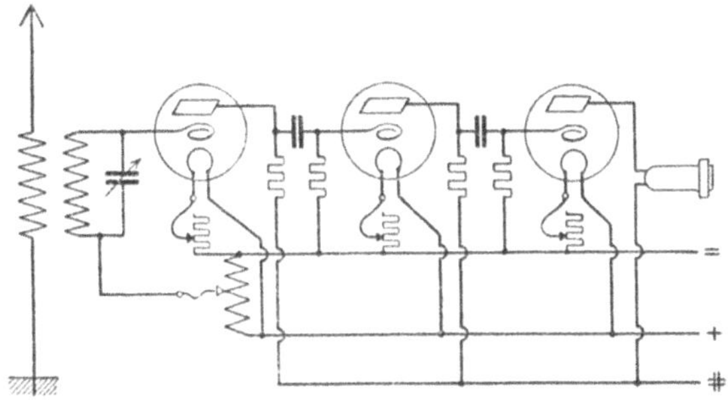

Abb. 54. Mehrfachhochfrequenzverstärkung mit Widerstandskopplung.

Empfangsgeräten empfiehlt es sich, die Anodenspannung bei der Hochfrequenzverstärkung niedriger zu wählen als bei der Niederfrequenzverstärkung. Jedenfalls ist es aber vorteilhaft, daß bei der Detektorröhre die kleinste Anodenspannung verwendet wird. Die Zuführung der Energie geschieht lt. Abb. 54 vom Antennenempfangskreise am besten mittels Kopplung auf eine zweite Waben- oder Korbspule zum Kreise Gitter—Glühkathode bzw. zum Potentiometer der Hochfrequenzverstärkerröhre. In den Anodenkreis dieser Röhre wird bei Wellenlängen über 1000 m ein Silitstab von etwa 50000 Ohm geschaltet, für kürzere Wellen empfiehlt sich ein abgestimmter Schwingungskreis (zugleich Sperrkreis), evtl. eine Drossel mit verschiebbarem weichen Eisenkern lt. Abb. 55. Die Arten der Anschlüsse an die nächst-

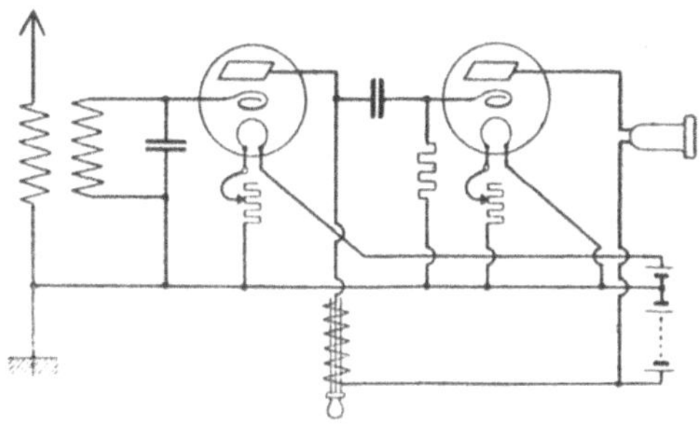

Abb. 55. Die Eisendrossel im Anodenkreis als Abstimmittel.

folgenden Röhren zeigen die Abb. 54—56. Eine besondere Detektorröhre kann übrigens weggelassen werden, wenn mindestens zwei Hochfrequenzverstärkerröhren benutzt werden, weil der Gitterkondensator, welcher die beiden Röhren miteinander kuppelt, bewirkt, daß die zweite Röhre als Detektor arbeitet. Da aber die Hochfrequenzröhre zweckmäßig negative Gittervorspannung aufweisen soll, die Detektorröhre besser positive (s. Antworten Nr. 33 u. 34), so ist in einem solchen Falle behufs günstiger Gleichrichtung die Verwendung einer besonderen Detektorröhre angezeigt. In jüngster Zeit wird häufig eine einzige Hochfrequenzverstärkerröhre verbunden mit einer Detektorröhre benutzt, die am günstigsten mittels einer Waben- oder Korbspule nicht unmittelbar auf den Antennenkreis, sondern auf die Spule im Anodenkreis der ersten Verstärkerröhre rückkoppelt (s. auch nächstfolgende Antwort). Dementsprechend ist die vorteilhafteste Schaltung von Hochfrequenzverstärkerröhren die mit Sperrkreis als Anodenableitung (Abb. 56), die häufig als Resonanzschaltung bezeichnet wird. Die auftretenden Fehler bestehen meist in ungewollter Gleichrichtung. Es braucht nicht erst betont zu werden, daß alle Verbindungen bzw. Kontakte, insbesondere die Röhrenkontakte für das Gitter und die Anode nachzuprüfen sind, falls die Heizung und Anodenspannung selbst in allen ihren Teilen in Ordnung befunden wurden. Sollte die Helligkeit der Röhre schwanken, besonders bei Erschütterungen, so sind die Röhrenkontakte und die Stromquellen natürlich genau zu prüfen. Bei Verwendung von Transformatoren für die Kaskadenschaltung von Hochfrequenzverstärkerröhren kann es vorkommen, daß die an der Anodenbatterie liegende Wicklung durchgebrannt ist. Es empfiehlt sich daher, beide Stromquellen ausschließlich während des Betriebes eingeschaltet zu lassen, sonst immer ausgeschaltet, und den positiven Anodenpol immer zu sichern.

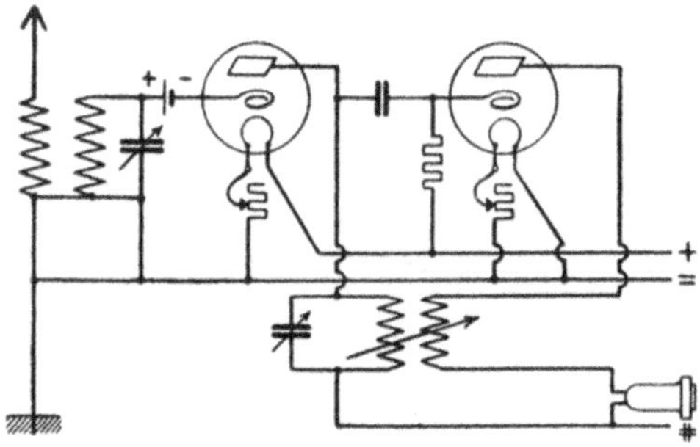

Abb. 56. Resonanzschaltung.

52. Wie wird eine Röhrenempfangsstation zum Schwingen gebracht, bzw. worin besteht die induktive Rückkopplung und welche Fehler müssen vermieden oder beseitigt werden?

Wenn die Energie des Anodenstromes auf den Gitterkreis der Verstärkerröhre induktiv genügend einwirkt, dann entstehen ungedämpfte Schwingungen, weil die Dämpfungsverluste des Schwingungskreises, der aus Kapazität und Selbstinduktion besteht, durch die Verstärkung der Röhre immer wieder aufgehoben werden. Ein solcher stark rückgekoppelter Empfänger schwingt und hat meist auch eine sehr große Pfeifneigung. Die einfachste Rückkopplungsschaltung ist die lt. Abb. 57 [Strauß[1])-Meißner], bei welcher die Rückkopplungsspule auf den Gitterkreis der eigenen Röhre, bzw. lt. Abb. 58 auf den einer anderen Röhre zurückwirkt. Da durch die Rückkopplung infolge Zuführung neuer Energie die Widerstände der in Betracht kommenden Stromkreise vermindert, bzw. aufgehoben werden, wird die nutzbringende Verstärkung größer, denn die Verluste der Stromkreise sind ja beseitigt. Die Rückkopplung darf

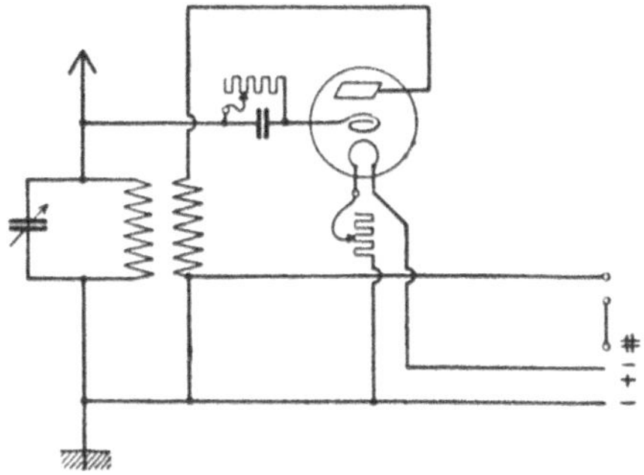

Abb. 57. Detektorröhre mit Rückkopplung.

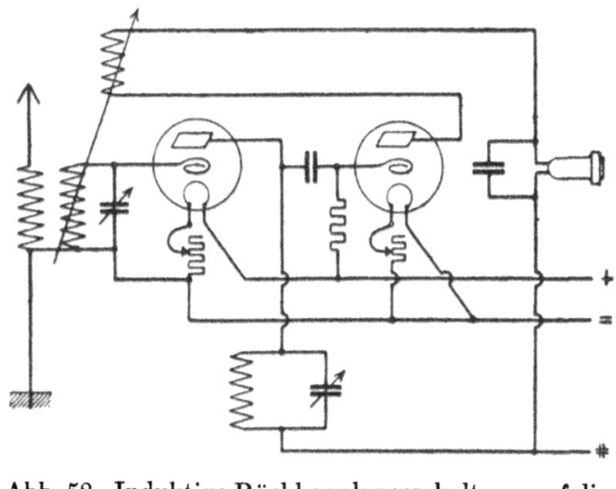

Abb. 58. Induktive Rückkopplungsschaltung auf die Antenne.

[1]) Österr. Patent Nr. 71340.

jedoch nicht zu weit getrieben werden, damit es nicht bis zum Einsetzen ungedämpfter Schwingungen kommt, nicht nur weil dadurch die Sprache und Musik entstellt wird — dies geschieht schon vor Einsetzen der Schwingungen —, sondern auch weil nach Einsetzen solcher Schwingungen bei den meist benutzten Apparaten infolge des Pfeifens ein Empfang unmöglich wird. Wirkt die Rückkopplung auf die Antenne ein, dann hört man im Hörer das bekannte iu, ui als Interferenztönen (Schwebung). Wenn dieses in die Antenne gelangt, dann wirkt es auf die Antenne der Nachbarstationen ein, was diese natürlich stört. Gemäß dem Satze „Was du nicht willst, daß man dir tu . . .“ muß man also besonders acht haben, die Rückkopplungsspule der Antennenspule nicht zu sehr zu nähern, um seine Nachbarn nicht zu stören. Anderseits kann es bei Rückkopplungsanordnungen aber vorkommen, daß bei Annähern einer Spule an die zugehörige statt einer Zunahme der Empfangslautstärke das Gegenteil eintritt. In diesem Falle muß die bewegliche Spule hinsichtlich ihres Magnetfeldes, um eine Dämpfungsreduktion zu bewirken, umgepolt werden. Es ist nämlich umzupolen und nicht etwa bloß die Spule umzustecken, weil nur im ersteren Falle die Magnetfelder um 180° verdreht werden. Bei bloßem Umstecken würden die Magnetfelder selbst unverändert bleiben. Die meisten Fehler entstehen in der Wahl der Spulen und der Röhren. Meist empfiehlt es sich, daß die im Anodenkreis befindliche Rückkopplungsspule (besonders in den Händen von Anfängern) etwa doppelt so viele Windungen aufweist als die Spule des vorangehenden Schwingungskreises. Manche Röhren schwingen leicht, manche schwer. Neuestens wird aber lt. Abb. 56 die Rückkopplung des Anodenkreises der Detektorröhre hinter einer Vorröhre induktiv auf den Gitterkreis der gleichen Röhre ausgeführt (Schwingdetektor), wodurch die Störungen der Empfangsnachbarn jedenfalls stark gemildert werden. In solchen Fällen empfiehlt sich besonders die Verwendung einer weichen oder leicht schwingenden Röhre. Falls bei Nähern der Rückkopplungsspule zwar keine Abschwächung erfolgt, aber ein Selbsttönen des Empfängers doch nicht auftritt, weil der Rückkopplungsstrom zu schwach ist, muß der dem Hörer parallel liegende Blockkondensator entsprechend vergrößert werden, um eine Zunahme des Rückkopplungsstromes zu ermöglichen. Es kann aber auch sein, daß die

Zuleitungen zum Gitter und zur Anode der Röhren zu nahe aneinander geführt sind (kapazitiver Nebenschluß).

53. Wie wird bei kapazitiver Rückkopplung der Empfänger zum Schwingen gebracht und worin bestehen die Mängel, wenn das Schwingen ausbleibt?

Abb. 59 zeigt die Anordnung, wie der Kondensator C im Anodenkreis der zweiten Röhre auf das Gitter der vorhergehenden Röhre rückkoppelt. Tritt ein Selbstschwingen nicht ein, dann ist häufig der dem Hörer parallelgeschaltete Blockkondensator zu groß. In diesem Falle findet nämlich eine Verzweigung des Anodenstromes einerseits durch den Rückkopplungskondensator,

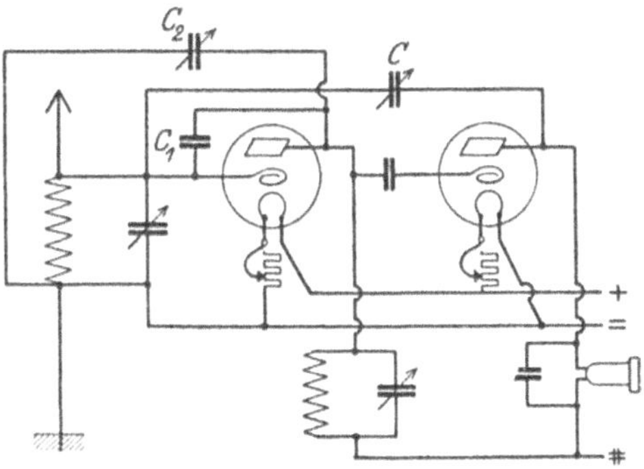

Abb. 59. Kapazitive Rückkopplung.

anderseits durch den dem Hörer parallelliegenden Blockkondensator statt. Ist der letztere klein, dann wird der größte Teil des Hochfrequenzstromes der Rückkopplung dienen (ganz entgegengesetzt wie bei induktiver Rückkopplung) (Abb. 58) und sicheres Pfeifen des Empfängers hervorrufen. Durch Vergrößern des Blockkondensators, der parallel zum Hörer liegt, können wir also jederzeit ein Pfeifen vernichten, das durch kapazitive Rückkopplung, sei es durch einen besonderen Kondensator, sei es durch die Kapazität der Leitungsführungen, entstanden ist.

Sein Ausmaß soll gewöhnlich 2—3000 cm Kapazität nicht überschreiten, dies auch schon deshalb, weil er energieverzehrend wirkt. Wenn ein Empfänger dauernd pfeifen sollte, so kann gemäß Abb. 59 das Pfeifen durch einen Dämpfungskondensator (Drehkondensator 250 cm) C_1, der zwischen Anode und Gitter der ersten Röhre gelegt wird, beseitigt werden. Keinesfalls darf er zu groß gewählt werden. Eine andere Art der kapazitiven Rückkopplung behufs Dämpfungsreduktion besteht in der Zwischenschaltung eines Drehkondensators C_2 zwischen Anode und

Erde der ersten Röhre. Diese Anordnung ist aber nicht unbedenklich, weil bei etwaiger Plattenberührung die Anodenbatterie kurzgeschlossen ist, daher muß in diesem Falle unbedingt der + -Pol der letzteren gesichert werden.

54. Wovon hängt die Größe und Art der zu verwendenden Spulen ab?

In erster Reihe, insbesondere bei Rückkopplungsapparaten, hängt die Spulengröße von der Länge der Empfangswelle laut anliegender Tabelle ab. Die Größe der Wabenspule steht natürlich in einem bestimmten Verhältnisse zu dem zugehörigen Drehkondensator. Demnach kann entweder dieser Kondensator kleiner sein und dafür eine größere Wabenspule gewählt werden, was für die Rückkopplung empfehlenswerter ist, oder aber, falls etwa größere Wabenspulen nicht vorhanden sein sollten, müßte der Drehkondensator noch vergrößert werden. (Zusatzdrehkondensator.) Sollte eine noch größere Rückkopplung erforderlich sein, um das Tönen auszulösen, dann müssen Flachspulen passender Größe benutzt werden. Flachspulen gestatten nämlich infolge ihrer Bauart festere Kopplung. Allgemein für Rückkopplungszwecke eignen sich Korbwandspulen lt. Abb. 60, wie sie neuestens in Amerika gebräuchlich sind. Sie sind nach dem Prinzip der Flachspulen, jedoch nicht flach, sondern zylindrisch gewickelt, wobei als Stützen Glasstäbe oder Cellonröhrchen, evtl. paraffinierte Holzstäbchen verwendet werden. Die Veränderlichkeit der Rückkopplung erfolgt in diesem Falle durch eine Flachspule, die günstiger wirkt als eine Wabenspule. Diese koppelt unmittelbar auf die Antenne oder weit besser zur Anodenspule der ersten Hochfrequenzröhre. Die Veränderlichkeit der Rückkopplung läßt sich aber auch mit Vorteil gemäß Antwort 56 in neuer und zweckmäßiger Weise herbeiführen.

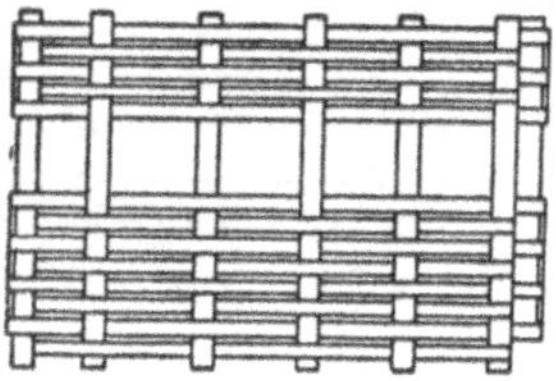

Abb. 60. Korbwandspule.

55. Was kann die Ursache sein, wenn der Rückkopplungston überhaupt nicht auftritt?

In diesem Falle ist meist die Röhre zu hart, so daß sie überhaupt nicht zum Schwingen kommt. Man muß dann trachten, das Schwingen durch die Veränderung des Heizwiderstandes oder durch stärkeres Annähern der Koppelspule zur Auslösung zu bringen, bzw. die Röhre durch eine ausgesprochen weiche ersetzen (siehe auch Antwort 54).

56. Wie wird ein schwingender Empfänger entkoppelt?

Zunächst ist festzustellen, ob das Tönen infolge selbst herbeigeführter Rückkopplung entsteht oder durch irgendeine ungewollte Beeinflussung des Gitterstromkreises, etwa durch kapazitiv ungünstige Leitungsführung. Dieses letztere kann meist durch Vergrößern des Kondensators, der parallel zum Hörer liegt, vermieden werden (siehe auch Antwort 53). Bei richtiger Entkopplung muß das Tönen höher werden und bei voller Entkopplung verschwinden. Hingegen muß es bei Annähern der Rückkopplungsspule wieder einsetzen. Alle diese Erprobungen sind möglichst bei abgeschalteter Antenne und Erde vorzunehmen, um nicht bei benachbarten Radioliebhabern Störungen hervorzurufen, bzw. die bekannten Vorschriften zu verletzen. Tönt der Empfänger, muß die dämpfende Antenne-Erde wieder angeschaltet werden. Dann versucht man wegen der Nachbarn umso rücksichtsvoller. Im ersten Falle ist der Abstand der Rückkopplungsspule von der anderen zu vergrößern. Geht das Pfeifen weiter, dann liegt eine ungewollte Gitterbeeinflussung vor. Dies kann nur in kapazitiver Weise erfolgen (siehe Abb. 59, durch den Drehkondensator C bzw. C_2). Wie ersichtlich, fließt, wenn der Blockkondensator am Hörer vergrößert wird, mehr Strom durch diesen, und daher kann nur ein kleinerer Rückkopplungsstrom bei gleicher Größe des Rückkopplungskondensators bzw. der ungewollten Rückkopplungskapazität aus Leitungsführungen zum Gitter der vorhergehenden Röhre gelangen. Nützt auch dies nichts, so dürfte der Blockkondensator der Detektorröhre, bzw. des Ableitungswiderstands nicht die richtige Größe besitzen. Er ladet und entladet sich nämlich in Tonfrequenz. Ein Entfernen des Silitstabes muß in diesem Falle das Pfeifen in ein Knacken überführen, das den langsamen Ladungen und Entladungen entspricht (siehe Antworten 34, 61). Tritt das Knacken ein, bleibt aber der hohe Pfeifton noch immer bestehen, dann liegt der Fehler nicht in der Anordnung Blockkondensator—Ableitungswiderstand, sondern in der kapazitiven Rückkoppelung. Im anderen Falle, wenn nur mehr Knacken vorhanden, das Pfeifen aber verschwunden ist, muß der Ableitungswiderstand (Silitstab) durch einen kleineren ersetzt werden.

Ein anderer Weg der Entkopplung besteht in der Wahl einer härteren Röhre bzw. stärkeren Heizung derselben und der Anwendung einer höheren Anodenspannung. Ist der Empfänger auch noch mit einer Niederfrequenzverstärkung ausgestattet, dann stammt die Pfeifneigung offenbar von der Niederfrequenzseite her, in welchem Falle Antwort 41 zu beachten ist.

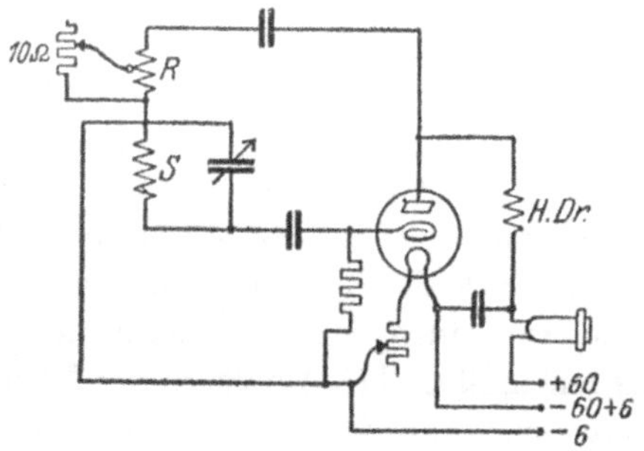

Abb. 61. Regelbare Kurzschlußwindung zur Entkopplung.

Einen neuen Weg, um einen schwingenden Empfänger zu entkoppeln, hat Ing. Gustav Wirt (Radio-Amateur 1925, H. 2) angegeben. Hier wird lt. Abb. 61, 62 von einer starren Kopplung ausgegangen, die eine kurzgeschlossene Windung mit regelbarem Widerstand trägt. Durch Verkleinern dieses regelbaren Widerstandes wird diesem System Energie entzogen, wodurch eine gründliche Entkopplung herbeigeführt wird. Auf hohe Isolation aller Teile ist besonders zu achten.

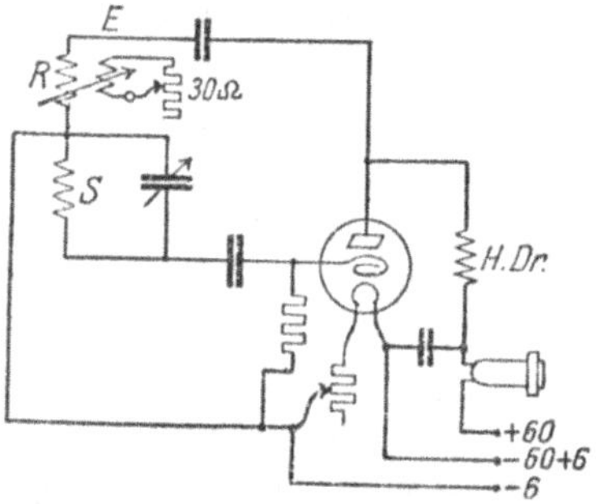

Abb. 62. Kurzgeschlossene Windungen der Rückkopplungsspule als Entkopplung.

57. Wie werden Störungen auf benachbarte Empfänger am sichersten vermieden?

Die Störungen anderer Empfänger sind wesentlich geringer, wenn die Rückkopplung nicht unmittelbar auf die Antennenspule vorgenommen wird, sondern auf die der Antennenseite nächst gelegene Verstärkerröhre bzw. auf deren Anodenspule. Eine Beeinflussung der Anodenseite einer Hochfrequenzverstärkerröhre auf der Gitterseite kann höchstens durch Streuung schwach zur Wirkung kommen. Um aber die Rücksicht gegen andere Amateure noch weiter zu treiben und gleichzeitig die Beeinflussung des Fernempfanges durch den Ortssender möglichst zu verringern, empfiehlt es sich, die Antennenspule senkrecht zu den anderen Spulen zu stellen. Außerdem empfiehlt es sich, die erste Röhre mit einer dünnen Kupfer- oder Aluminiumhülle zu versehen, wodurch eine ungewollte Beeinflussung des Gitters durch Streuwellen weiter behindert wird. Abb. **63** zeigt die Anordnung der metallischen Umhüllungen. Um die Vorsichtsmaßregeln noch zu erweitern, kann auch die Detektorröhre mit der gleichen Umhüllung umgeben werden, wobei es vorteilhaft ist, beide Metallhüllen an den negativen Pol der Heizbatterie zu legen.

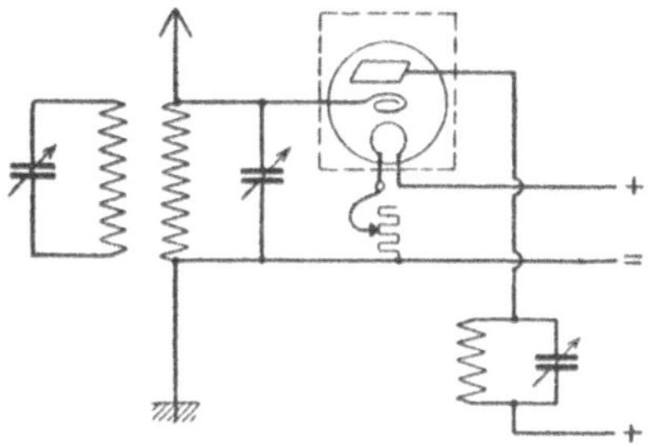

Abb. 63. Metallischer Schutz der Verstärkerröhre.

58. Wie wird bei Fernempfang die schädliche Einwirkung des Ortssenders vermieden und wie wird ein Filterkreis bzw. Saugkreis angewendet?

In die Erdleitung oder auch in die Antenne wird zunächst ein aus einem Drehkondensator und einer parallelgeschalteten

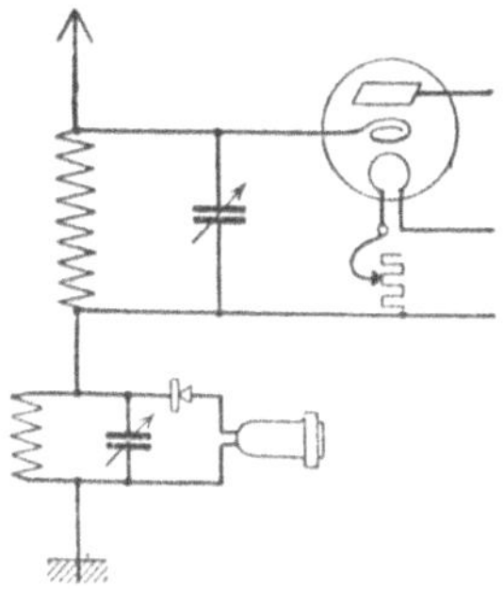

Abb. 64a. Filterkreis in der Erdleitung.

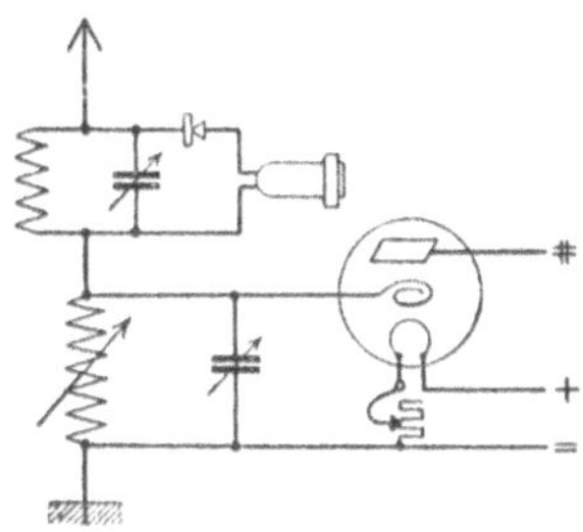

Abb. 64b. Filterkreis in der Antennenleitung.

Wabenspule bestehender sogenannter Filterkreis in Reihe lt. Abb. **64**a, 64b geschaltet. Dieser wird auf die Welle des Ortssenders eingestellt, wobei die Rückkopplungsanordnung nicht einwirken darf. Die richtige Einstellung kann entweder mittels Eichung mit dem Wellenmesser erfolgen, oder einfach dadurch, daß parallel zur Wabenspule des Filterkreises ein Detektor mit Hörer geschaltet wird, in welchem der Ortssender mit der größten Lautstärke hörbar sein muß. Für die Ortswelle wird der scheinbare Widerstand dieses Filterkreises fast ein Maximum, so daß die Ortswelle selbst nicht mehr auf das Gitter der Verstärkerröhre zu wirken vermag. Meist allerdings wirkt der Filterkreis auf Kosten des Fernempfangs. Eine andere Möglichkeit, den Ortssender auszuschließen, besteht darin, daß der Antennenselbstinduktionsspule eine andere Waben- oder Flachspule mit zugehörigem parallel geschalteten Drehkondensator genähert wird (lt. Abb. 63). Diese Anordnung wird auch Saugkreis genannt, weil sie die gesamte Energie des Ortssenders gewissermaßen vom Gitter der nächsten Verstärkerröhre absaugt und auf diese Weise von ihr ferne hält.

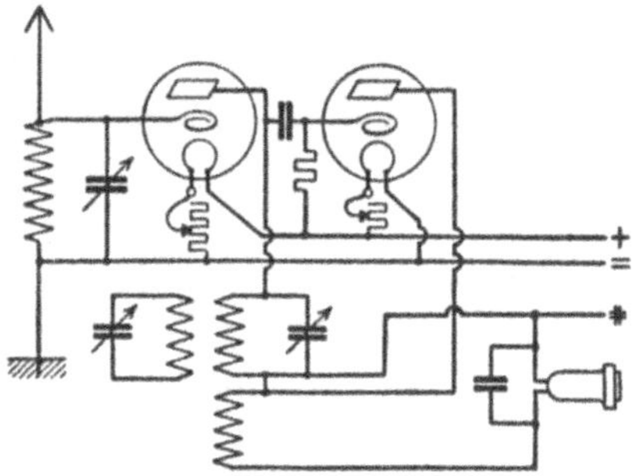

Abb. 65. Induktive Kopplung des Saugkreises mit dem Sperrkreis.

Eine weitere Möglichkeit, den Ortssender bei Fernempfang auszuschließen, besteht darin, daß der Saugkreis mit der Spule im Anodenkreis gekoppelt wird (Abb. 65). Dadurch wird die Einstellung auf die Fernwellen günstiger, nämlich selektiver. Denn in diesem Falle wirkt der Saugkreis nicht mehr als solcher, sondern dient nur dazu, die Schwingungen der Fernwelle im Anodenkreis durch eigenes Mitschwingen aufzuschaukeln. Dadurch wird die schwingende Energie so kräftig, daß sie durch die Schwingungen des Ortssenders nicht mehr aus dem Tritt fallen kann.

59. In welcher Weise wird der Empfang eines entfernten Senders wahrnehmbar bzw. besser hörbar und möglichst lautstark gemacht und wie ist hierbei systematisch vorzugehen?

Voraussetzung ist natürlich, daß der zu empfangende fremde Sender wirklich in Tätigkeit ist. (Den Veröffentlichungen der

Radiozeitschriften usw. zu entnehmen.) Sendet die betreffende Station schwach, so kann auf den seiner Wellenlänge nächstgelegenen, gerade sendenden Telegraphiesender probeweise eingestellt werden. Eine weitere Voraussetzung ist, daß der Empfangsapparat mit Rückkopplung arbeitet, wobei diese induktiv oder auch kapazitiv sein kann. (Innere Rückkopplung durch Leitungsführungen.) Ferner ist das Vorhandensein eines Abstimmkreises in der Antenne und eines Sperrkreises in der Anodenableitung der ersten Röhre vorausgesetzt. Bevor auf Fernempfang übergegangen wird, ist festzustellen, daß der Nahempfang lautstark und störungsfrei ist. Zuerst wird der Abstimmkondensator in der Antenne auf Null gestellt und die fremde Welle entweder mit dem Wellenmesser oder auch ohne diesen aufgesucht, wobei die Rückkopplung nahezu fest zu wählen ist. Vorausgesetzt ist weiter, daß lt. Tabelle 3, Seite 54, die Honigwabenspulen für den Sperrkreis richtig gewählt sind. Für die Rückkopplung werden zweckmäßig fast doppelt soviel Windungen, für die Antennenspule hingegen etwa halb soviel Windungen, als der Tabelle für die betreffende Wellenlänge entsprechen, verwendet. Hierauf wird der Drehkondensator im Sperrkreise auf den Pfeifton eingestellt. Dieser ist ein Interferenz- oder Schwebungston und zeigt an, daß die Empfangsstation bereits etwa mit der gleichen Wellenlänge schwingt wie der zu empfangende Fernsender. Dieser Ton kommt dadurch zustande, daß die eingestellte Eigenwelle mit der zu empfangenden fernen Welle jenen Interferenzton auslöst, der im Hörer als „iu“ und „ui“ wahrgenommen wird. Für den Empfang wird nun so eingestellt, daß die unhörbare oder schwach hörbare Stelle zwischen iu und ui gewählt wird. Die Einstellung selbst erfolgt immer mit dem Kopfhörer und nicht etwa mit dem Lautsprecher. Nunmehr ist die erzeugte Schwingung mit der zu empfangenden Welle beinahe in Übereinstimmung (in Resonanz). Es wird nun der Abstimmkondensator durch Entfernen der Rückkopplungsspule so lange entkoppelt, bis der Ton möglichst lautstark ist und abreißt. Hierauf wird nun durch Nähern der Rückkopplungsspule zurückgekoppelt, damit der lauteste Ton abermals gehört wird. Als nächste Maßnahme wird nunmehr der Antennenkondensator, der auf Null gestanden ist, so lange gedreht, bis die Interferenztöne neuerlich auftreten. Nun wird der Sperrkreiskondensator auf den tiefsten Ton oder, wenn möglich, auf Tonlosigkeit (zwischen iu und ui) eingestellt, worauf der Antennendrehkondensator so lange verstellt wird, bis jeder Ton verschwindet und die ferne Sprache oder Musik hörbar ist. Gewöhnlich nimmt man aber schon vorher ein schwaches Rauschen oder schwaches Brausen wahr, das anschwillt und verschwindet, wenn der Antennenkondensator nur ein ganz klein wenig vor- oder zurückgedreht wird (am besten mit Feineinstellung). Bleibt noch ein ganz feiner, leiser Pfeifton übrig, dann wird die Rückkopplung abgeschwächt. Besonders zu achten ist auf die Heizung der Detektorröhre (eher weniger als zuviel). Durch Verdrehen dieses Heizwiderstandes wird die Wiedergabe meist reiner und klarer; auch bietet der Heizwiderstand der Hochfrequenzröhre die Möglichkeit, den tiefsten Ton durch ein genaues Abstimmen des Antennenkreises leichter einzustellen und auch auf diese Weise die Wiedergabe reiner zu gestalten. Ist ein Potentiometer bei der Hochfrequenzverstärkerröhre vorhanden, dann werden alle bis nun genannten Einstellungen bei einer mehr negativen Gittervorspannung vorgenommen und sobald in der Zwischenstellung zwischen iu und ui die Sprache noch nicht einwandfrei sein sollte und noch immer ein leises Pfeifen hörbar wäre, wird der Potentiometerkontakt positiver eingestellt. Für die Detektorröhre empfiehlt sich umgekehrt, vorerst mehr mit der positiven Einstellung des Potentiometers zu beginnen. Das Potentiometer gestattet in sehr exakter Weise, die Sprache bzw. die Interferenztöne herauszuarbeiten. Wird auch Niederfrequenz mit verwendet, dann muß vor Einschalten derselben besonders stark entkoppelt werden, damit durch eine etwa vorhandene ungewollte Rückkopplung kein Pfeifen erzeugt wird. Wenn später mit Lautsprecher empfangen werden soll, wird so eingestellt, daß im Hörer die Sprache oder Musik kaum mehr, dafür aber ganz besonders rein hörbar ist. Dann erst kann auf Lautsprecherempfang übergegangen werden. Wird der entfernte Sender nur äußerst schwach gehört und entschwindet die Sprache oder Musik bei schwachem Verdrehen eines Knopfes, dann muß sofort mit dem nämlichen Knopf zurückgedreht werden, damit der eingeleitete Empfang nicht wieder verloren geht. Nach jeder einmal herbeigeführten Abstimmung wird in der oben angeführten gleichen Reihenfolge abermals auf besten, reinsten, klarsten und zuletzt lautesten Empfang nachgestellt. Sollte an dem zu- und abnehmenden leichten Brausen im Zusammenhang mit der eingestellten, evtl. nachgelesenen Wellenlänge feststehen, daß zwar die Senderwelle der Fernstation vorhanden ist, aber die Station nur an der Grenze der Hörbarkeit empfangen wird, dann bessern sich die Verhältnisse gewöhnlich in den Abend- und Nachtstunden ganz auffallend, oft im Verhältnis wie 1 : 100 und mehr. Zuweilen hat man schon Empfang und er entschwindet wieder periodisch (Fading), ohne daß an der Empfangsstation etwas geändert wurde. In diesem Falle verändere man gar nichts an der Apparatur und warte ab, weil erfahrungsgemäß der Empfang nach einiger Zeit wieder zur früheren oder größeren Lautstärke anschwillt.

Der meist auftretende Fehler ist Verstaubung der Apparate, daher ungewollte Gitternebenschlüsse; diese bedingen Rauschen und Krachen anstatt Sprache oder Musik bei empfindlichster Einstellung. Hinsichtlich etwaiger sonstiger Fehler mögen die Antworten bei den schon besprochenen Fehlern Berücksichtigung finden.

60. Was ist das Prinzipielle der (Reinartz-)Leithäuser-Heintze-Schaltung und wie werden auftretende Fehler beseitigt?

Laut Abb. 66a, 66b wird mittels des Drehkondensators *C* die Rückkopplung in der geeigneten Phase auf die Antenne

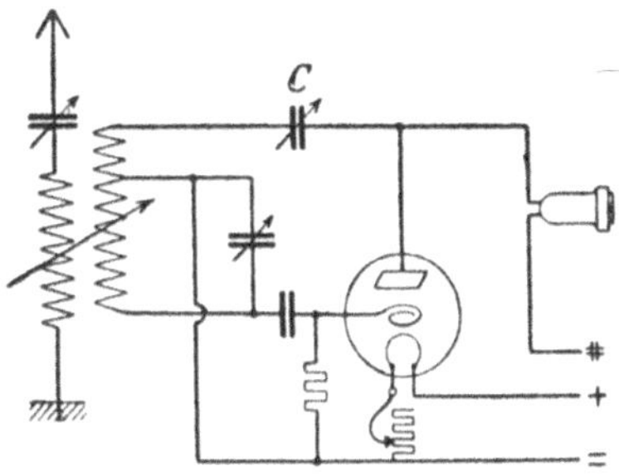

Abb. 66a. Leithäuser-Heintze-(Reinartz-)Schaltung.

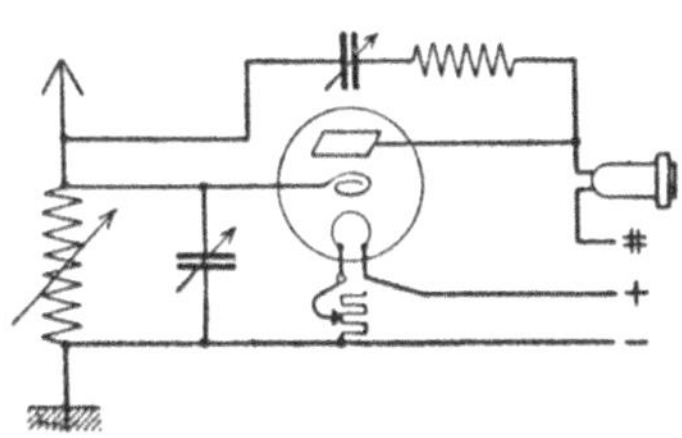

Abb. 66b. Leithäuser-Heintze-(Reinartz-)Schaltung.

eingestellt. Die Benutzung eines Kondensators ist günstiger als die Anordnung von Spulen, weil jener leichter zu handhaben ist. Wie ersichtlich, wirkt die Antenne bloß aperiodisch, weshalb jede beliebige Antenne bei gleicher Einstellung der Empfangsstation anwendbar ist. Die Einstellung auf die Welle geschieht mittels des Zwischenkreises. Die zu empfangende Schwingung, die in der Verstärkerröhre auf höhere Amplitude gebracht wurde, wirkt neuerdings auf das Gitter ein, und dieser Vorgang wiederholt sich so lange, bis der Gleichgewichtszustand erreicht ist. Die Fehler solcher Anordnungen bestehen meist in der ungünstigen Leitungsführung (siehe Antworten 52, 53). Ferner ist besonders auf richtige Dimensionierung aller Einzelteile zu achten. Hier hilft noch am besten geduldiges, systematisches Ausprobieren. Häufig sind derartige Empfangsstationen außerordentlich stoßempfindlich. Daher sollen die Apparate mit großen Gummifüßen ausgestattet sein. Der Hauptvorteil dieser Schaltung gegenüber der gewöhnlichen Rückkopplungsschaltung besteht darin, daß die Schwingungen viel weicher einsetzen, wodurch ein leichteres Abstimmen gewährleistet ist.

61. Was ist das Wesen der Armstrongschaltung, und welche hauptsächlichsten Fehler können auftreten, bzw. müssen vermieden werden?

Wirkt der Anodenkreis auf den Gitterkreis einer Verstärkerröhre zurück, so beginnt bekanntlich in den meisten Fällen die Röhre zu tönen. Bei der Armstrongschaltung werden die Verhältnisse nun so gewählt, daß die Rückkopplung abwechselnd einmal sehr stark, dann wieder sehr schwach gemacht wird, wobei diese Änderung der Rückkopplung im Rhythmus der Schwingung im Schwingungskreise, also an sich unhörbar erfolgen muß (Änderung des negativen Widerstandes). Die Schwingung setzt ein, doch kommt es nicht zu einem hörbaren Tönen. Dadurch, daß der Rückkopplungskreis in Schwingung ist, also ein negativer Widerstand vorliegt, schaukelt sich die Schwingung bis an die Grenze der Leistungsfähigkeit der Verstärkerröhre auf, unabhängig davon, ob das Gitter stark oder schwach beeinflußt wird. Dies ist auch der Grund, warum es nicht nur zwecklos, sondern sogar wünschenswert ist, kleine Antennen zu verwenden. Am zweckmäßigsten ist eine Zimmerantenne, wobei ein Gegengewicht längs des Zimmerbodens gespannt ist, oder auch Rahmenempfang. Im Wesen liegt bei dieser Schaltung die Vereinigung eines üblichen rückgekoppelten Audions mit zwei Abstimmkreisen vor. Die Abb. 67 zeigt die Ausführung (siehe Radio Bern, 1924, Heft 3).

Die meisten Fehler, die vorkommen können, liegen in der Anordnung der Leitungen. Die Drehkondensatoren sollen mit Feinabstimmung versehen sein. Auf erstklassige Isolation ist auch hier außerordentlich zu achten. Beim Ausprobieren

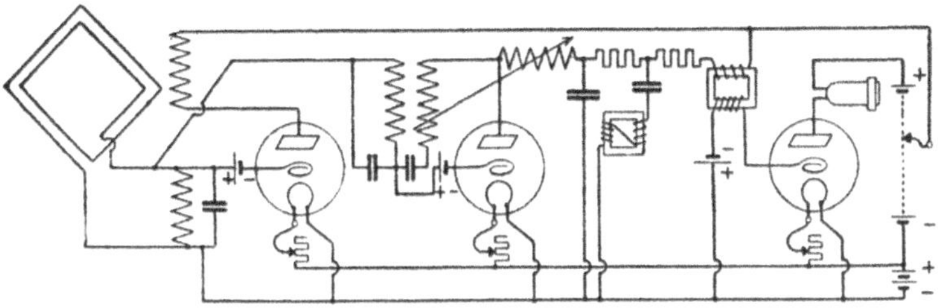

Abb. 67. Superregenerativschaltung.

wird am besten mit einem Wellenmesserkreise im Sinne der Antwort 16 vor dem eigentlichen Empfang auf die zu empfangende Welle eingestellt.

62. Welche Mittel gibt es, die Armstrongschaltung bei gleicher Wirkungsweise zu vereinfachen?

Das Bestreben ist, die Erzeugung der unhörbaren Schwingungen nicht in einer eigenen Röhre hervorzurufen, sondern die Empfangs- bzw. Detektorröhre gleichzeitig zur Schwingungserzeugung heranzuziehen. Der zuerst von Flewelling angegebene Weg besteht darin, Gitter- und Anodenkreis durch den eigenen Schwingungskreis so miteinander zu verbinden, daß die Röhre lt. Abb. 68 außer als Detektor auch als Senderöhre wirkt. In diesem besonderen Falle wird also noch

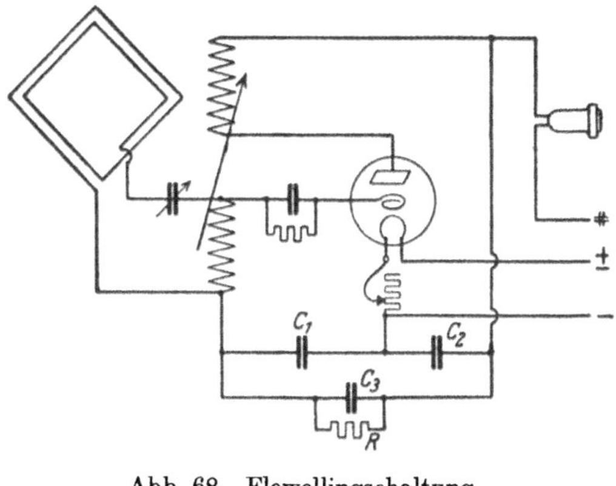

Abb. 68. Flewellingschaltung.

ein eigener Hilfskreis, bestehend aus drei Kondensatoren und einem zweckmäßig variablen Widerstand R, verwendet.

Gemäß Abb. 69 ist es aber möglich, die Veränderung des Rückkopplungsstromes und daher die Rückkopplung selbst durch die unhörbare Eigenschwingung der Röhre, wie sie die Armstrongschaltung voraussetzt, nicht durch besondere Schwingungskreise, sondern durch einfache Gittermodulation hervorzurufen. Der Gitterblockkondensator 2 von 200—250 cm ist mit einem variablen Ableitungswiderstand 1 (Silitstab) von 2—6 Megohm geshuntet. Das Aufladen und Entladen des Gitterblockkondensators kann durch diesen Widerstand in einer beliebigen Frequenz eingestellt werden, wodurch sich der Anodenrückkopplungsstrom in der gleichen unhörbaren Frequenz verändert. Der Drehkondensator 3 des Empfangskreises liegt parallel bzw. bei kurzen Wellen in Reihe zur Empfangsspule, und dieser Antennenkreis ist nicht direkt mit dem Heizpol, sondern über den Blockkondensator 4 von 5000—6000 cm verbunden. Der Anodenstrom wird in einem Parallelzweig zum Hörer wie bei einer Senderschaltung zum Gitter zurückgeführt, die Wabenspulen werden der jeweilig empfangenden Welle entsprechend verwendet. Durch Verändern des Silitstabes 1 muß es gelingen, die Anordnung vom bloßen Knacken über hohe und höchste Töne bis zur unhörbaren Frequenz zu bringen. Die Schaltung lt. Abb. 69 entspricht dem Empfang langer Wellen. Für Kurzwellen wird der Drehkondensator 3 in Reihe mit der Antennenspule gelegt (siehe Antwort 26).

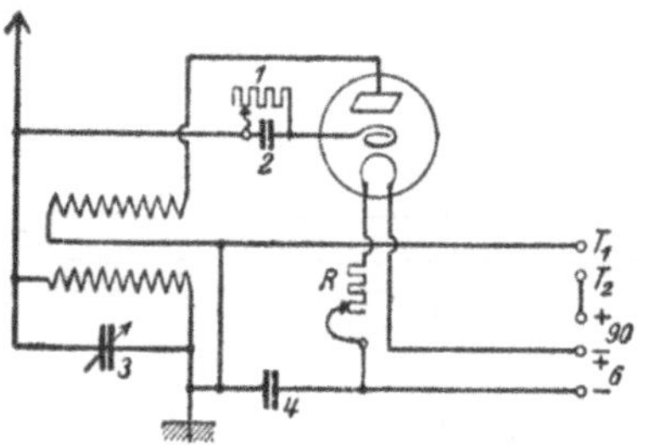

Abb. 69. Flewellingschaltung mit Gittermodulation.

63. Was ist das Wesen der Neutrodyneschaltung und welche Fehler treten hauptsächlich auf?

Die Eigenkapazität jeder Verstärkerröhre zwischen Gitter und Anode kann nicht unter etwa 10—20 cm gehalten werden. Anderseits entsteht bei einer Kaskadenschaltung durch die eben betonte Röhrenkapazität der Verstärkerröhre leicht eine ungewollte Rückkopplung. Um diese zu vermeiden, werden die

Gitter benachbarter Röhren mittels sehr kleiner Kondensatoren verbunden, und nachdem die Gitterspannungen einer solchen Kaskade, die induktiv miteinander gekoppelt und (Abb. 70) um 180^0 gegeneinander verschoben sind, wird auf diese Weise die schädliche Röhrenkapazität aufgehoben. Es empfiehlt sich übrigens nach Leithäuser, den Neutrodyne-Kondensator nicht

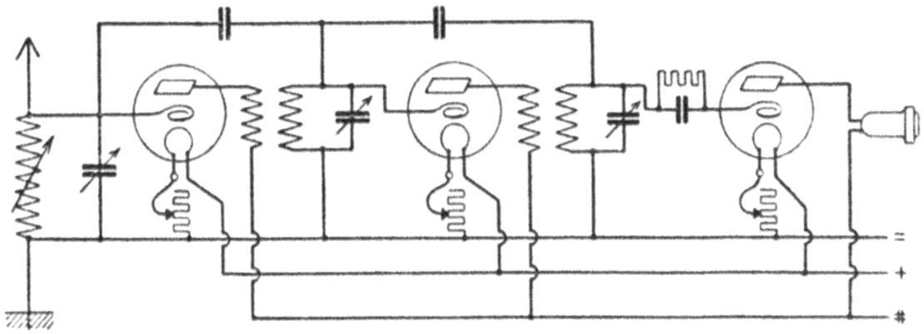

Abb. 70. Neutrodyneschaltung.

unmittelbar von Gitter zu Gitter zu schalten, sondern an einen geeigneten Abzweigpunkt der zwischen Gitter und Kathode liegenden Spule, vorteilhaft z. B. primär 16, sek. 64 Windungen mit der Abzweigung zum Neutrodyne im oberen Viertel derselben. Solche Gitterkondensatoren werden durch das Zusammendrehen von isolierten Drähten nach Wahl hergestellt, es können aber besser solche Kleinkondensatoren selbst verfertigt werden, indem in Glasröhren eingeführte kleine Messingstempel entsprechend gegeneinander verschoben werden. Solche Schaltungen geben eine außerordentlich reine und klare Verstärkung, nur ist der Rückkopplungston überhaupt nicht wahrnehmbar, weshalb am besten mit dem Wellenmesser eingestellt wird. Es empfiehlt sich überhaupt, sowohl bei dieser Schaltung wie allgemein bei hochwertigen Röhrenschaltungen mit schwacher Rückkopplung, mittels des Wellenmessers eine Eichkurve der Empfangsstation ein für allemal aufzunehmen, um das Auffinden auswärtiger Sender zu erleichtern. Die Einstellung der Neutrodyne geschieht mittels Empfanges des Ortssenders, wobei jedesmal der Heizkreis einer der Hochfrequenzverstärkerröhren ausgeschaltet wird und nur der Neutrodynekondensator so lange verändert wird, bis der Empfang des Ortssenders vollkommen geschwunden ist. (Näheres siehe Radio-Amateur: Wigge, 30. April 1924, H. 6, S. 158.) Es gibt übrigens noch andere Neutrodyneschaltungen, bei denen durch induktive Rückkopplung die Kompensation erreicht wird.

64. Was ist das Grundlegende der Reflexschaltung und der Doppelverstärkung?

Die Röhren, die bloß die Hochfrequenz verstärken, sind in der Regel nicht voll ausgenutzt. Es läßt sich daher nach der Gleichrichtung in einer Röhre oder in einem Kristalldetektor diese Energie mittels eines Niederfrequenztransformators abermals auf das Gitter der Hochfrequenzröhre zurückführen. Nachdem die Empfangswelle niederfrequent in der gleichen Röhre verstärkt wurde, wird sie mit dem Hörer, der in der Anodenleitung dieser Röhre liegt, abgehört (siehe Abb. 71). Es ist natürlich dafür zu sorgen, daß durch die richtige Wahl des Drehkondensators, der Waben- oder Flachspulen die Hoch- von der Niederfrequenz möglichst getrennt bleibt.

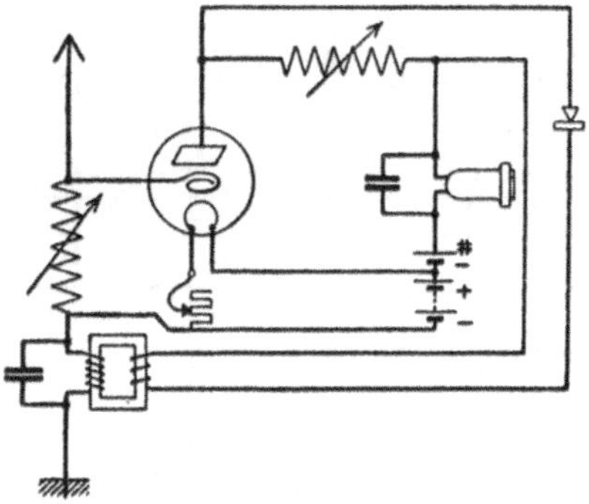

Abb. 71. Doppelverstärkung.

Eine solche Anordnung ergibt einen Niederfrequenzkreis, z. B. Transformator in der Anodenableitung einer jeden Röhre, so daß z. B. schon die geringsten mechanischen Erschütterungen der Verstärkerröhre, oft auch schon das Berühren von Knöpfen, überhaupt jede Erschütterung von der Straßenbahn her, als Spannungsübertragung über diesen niederfrequenten Widerstand auf die anderen Röhren übertragen werden und somit tonähnliche Störungen fast unvermeidlich sind.

Für Lautsprecherempfänger erweist sich eine Schaltung für Doppelverstärkung lt. Abb. 72 empfehlenswert, und ähnliche Schaltungen sind auch in Amerika derzeit sehr im Schwunge. Wie die Abbildung zeigt, sind die beiden Verstärkerröhren derart miteinander geschaltet, daß weder durch die Sekundärwicklung des Eingangstransformators, noch durch die Primärwicklung des Ausgangstransformators ein Gleichstrom fließen kann.

Die beiden Verstärkerröhren arbeiten im Gegentakt und der in den beiden einander entgegengeschalteten Anodenkreisen verstärkte Strom wirkt über einen Transformator neuerlich auf den Eingangskreis beider Verstärkerröhren zurück, so daß jene maßgebliche Verstärkung entsteht, die bei voller Ausnutzung der vorhandenen Elemente und Röhren (Sättigungsstrom) möglich

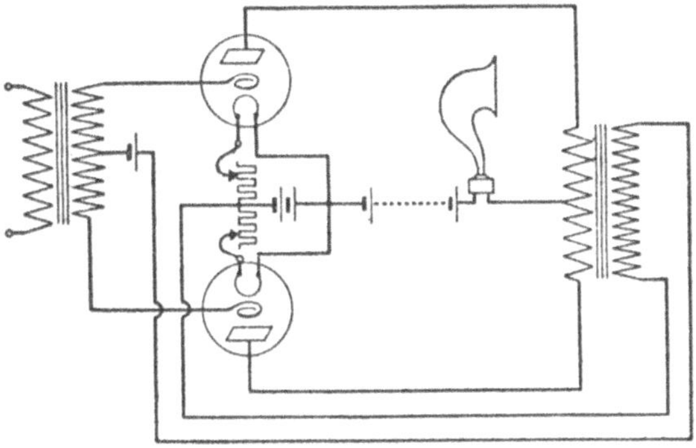

Abb. 72. Kraftverstärker nach der Gegentakt- und Reflexschaltung.

ist. Der Hörer bzw. der Lautsprecher wird in die Mitte des primären Ausgangstransformators an den positiven Pol der Anodenbatterie geschaltet. Es empfiehlt sich für Lautsprecherzwecke selbstverständlich, Röhren mit höherem Anodenstrom, also Lautsprecherröhren zu verwenden. (Hinsichtlich Streuungsschutzes durch die Niederfrequenztransformatoren siehe Antwort 41.)

65. Worin besteht die Ultra-Audionschaltung und wie sind bei derselben Fehler zu beseitigen?

Wie die Abb. 73 zeigt, läßt sich die Schaltung auffassen als eine Detektorröhrenschaltung mit dem Gitter 2 und dem Ableitungswiderstand 6 (links) und einer Senderschaltung (rechts) mit dem Schwingungskreis: Drehkondensator 4, Selbstinduktion 3 und Anodenbatterie *B*. Es ist gleichgültig, ob die Antenne anders an das Gitter angeschlossen ist, oder, wie die Abbildung zeigt, an die Anode. Der Blockkondensator 1 und das Variometer 5 bilden gleichzeitig die Abstimmittel der Antenne. Sollte etwa eine scharfe Abstimmung nicht möglich sein, dann kann dies nur an der unrichtigen Wahl der Dimensionen des Variometers liegen. Der Drehkondensator 4 wird zwischen 500 und 1000 cm gewählt. Die Spule 3 ist eine Drosselspule für Hochfrequenzströme in Form einer Flachspule mit 200—300 Windungen. Der Gitterableitungswiderstand hat zwei Megohm. Wird ein Rahmen verwendet, so werden sich 10—15 Windungen bei 60 cm Seitenlänge empfehlen. Wird eine ganze Zimmerwand benutzt, dann genügen 3—4 Windungen. Die Richtwirkung eines großen Wandrahmens, die an sich nicht sehr bedeutend ist, kann dadurch sehr geschwächt werden, daß der Antennenpol gleichzeitig geerdet wird. Leider besitzt die Ultra-Audionschaltung den Nachteil einer starken Senderwirkung, daher ist Vorsicht am Platze und jedenfalls sollen nur Rahmen oder kleine Innenantennen angewendet werden. Selbstverständlich können an Stelle des Hörers noch ein bzw. zwei Niederfrequenzverstärkerröhren geschaltet werden. Die Verstärkerröhre soll leicht schwingen können, weshalb es auf die richtige Wahl der Röhre sowie der Anodenspannung ankommt. Wie schon oben erwähnt, stellt die Anordnung gewissermaßen die galvanische Kopplung einer Senderschaltung mit einer Detektorschaltung dar, die aber die Vor- und Nachteile einer sehr starken Kopplung aufweist.

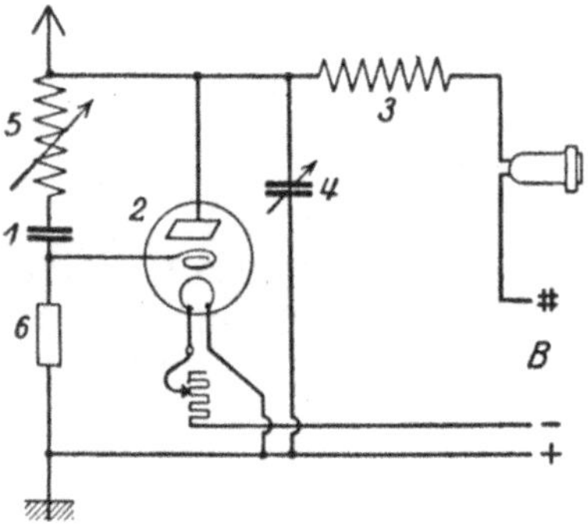

Abb. 73. Ultra-Audionschaltung.

66. Welche Schaltung darf derzeit als die vollkommenste angesehen werden, um kurze und lange Fernwellen möglichst störungsfrei zu empfangen? (Transponierungsempfänger.)

Um den Ortssender einwandfrei ausschalten und um sehr schwachen Empfang möglichst störungsfrei bis zu großen Lautstärken bringen zu können, reicht der einfache Empfänger, welcher die Rundfunkwellen selbst verstärkt, nicht mehr aus. Es muß zu einem Überlagerungsempfang geschritten werden, wobei mit Hilfe einer eigenen Senderöhre größerer Energie eine höher gelegene Welle erzeugt wird, deren einwandfreie Verstärkung von Wellenlängen bis etwa 7000 m keine Schwierigkeiten macht.

Eine Röhre in hochwertiger Schaltung bildet dann den eigentlichen Empfänger und bespricht die Senderöhre (modulierter Überlagerungsempfang). Die Abb. 74 zeigt eine Anordnung, die sich beim Verfasser sehr gut bewährt hat. Eine besondere Eigentümlichkeit dieser Schaltung ist die Vermeidung einer eigenen Anodenspannung bei der Modulationsröhre. Die Senderöhre erzeugt wie erwähnt, eine Schwingung von einer Wellenlänge $\lambda = 7000$ m. Bei dieser Wellenlänge ist eine störende Interferenz von kurzen Empfangswellen bis zu etwa 2600 m noch nicht wahrnehmbar[1]).

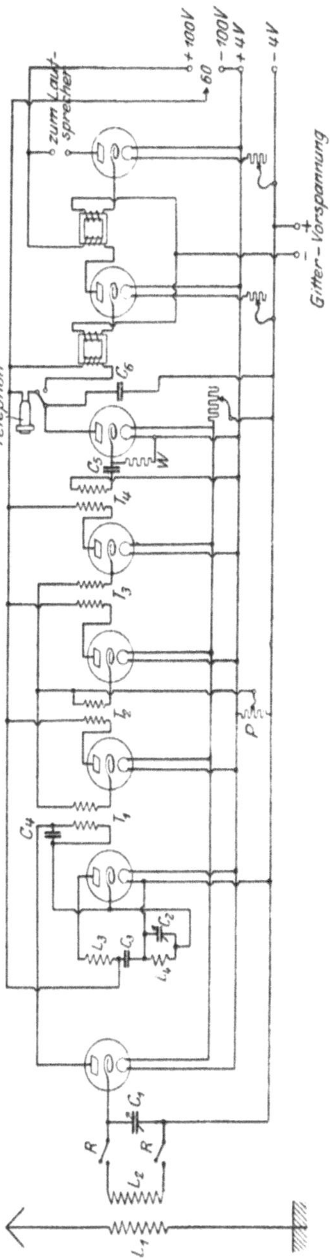

Abb. 74. Super-Heterodyne-(Transponierungs-)Empfänger-Schaltung.

67. Welches ist die einfachste Senderschaltung für Amateure und welche hauptsächlichsten Punkte sind hierbei maßgeblich?

Die Abb. 75 zeigt eine Sendeschaltung, die sich besonders bewährt hat. Das Mikrophon wird an eine der mit × versehenen Stellen

---

[1]) Diese Schaltung wurde in Wien von Ingenieur Karl Satori durchgebildet. Siehe auch Radioamateur, Heft 7, vom 13. Februar und Heft 14 vom 3. April 1925 über Transponierungsempfänger bzw. Super-Regenerativ-Schaltungen von A. M. Hofmann.

zwischengeschaltet. Als Verstärkerröhre empfiehlt sich entweder eine übliche Verstärkerröhre oder eine kleine Senderöhre von 5—10 Watt Schwingungsleistung. Als Antenne kommt nur eine Hochantenne in Betracht. Es ist jedenfalls angezeigt, ein Hitzdrahtinstrument in die Antenne zu schalten. Für reine Anzeigezwecke kann ein solches Hitzdrahtinstrument leicht selbst in der üblichen Weise angefertigt werden, wenn man sich nur den genügend dünnen Heizdraht beschaffen kann. Die Antennenschwingung dürfte 0,2 Amp. kaum überschreiten, außer man geht zu größeren Senderöhren über. Ferner empfiehlt es sich, die Abstimmspule als eine gewöhnliche Schiebespule mit zwei Schiebekontakten und einem Durchmesser von nicht unter 12 cm zu wählen. Es wird mit Baumwolle doppelt umsponnener Bronzedraht verwendet. Die Windungszahl hängt natürlich von der auszusendenden Welle und von der Größe der Hochantenne ab. Auf gute Erdung ist besonders zu achten. Es empfiehlt sich, mit der Anodenspannung evtl. bis zu 200 Volt zu gehen. Auch für diese Schaltung ist zweckmäßigerweise der negative Pol der Anodenbatterie an den Pluspol der Heizbatterie gelegt. Sollte eine Gleichstromlichtleitung 220 V zur Verfügung stehen, so kann diese auch als Anodengleichstromspannung unter Vorschaltung einer Glühlampe und eventuell eines Siebkreises (Drosselspule und parallelgeschalteter Kondensator) verwendet werden.

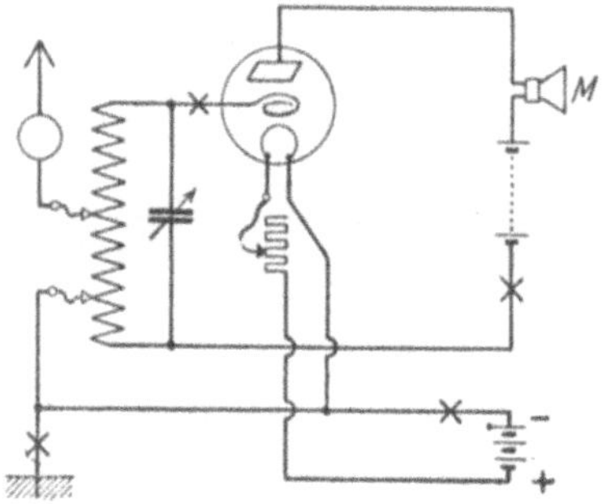

Abb. 75. Einfache Sendeschaltung.

68. Was ist bei den Stromquellen besonders zu beachten?

Auf die richtige Polarität von Akkumulator und Anodenbatterie muß in erster Linie gesehen werden. Ebenso natürlich auch darauf, daß diese Stromquellen die richtige Spannung bzw. Stromkapazität aufweisen, wobei die Spannung beim eingeschalteten Akkumulator zu messen ist. Es sei bemerkt, daß oft auch mit verkehrt gepolter Akkumulatorenbatterie Empfang möglich ist, doch klingt in diesem Falle die Sprache nicht rein, die Klangfarbe ist entstellt und die Lautstärke gering.

69. Welche hauptsächlichsten Fehler treten bei Stromquellen auf und wie sind sie zu beseitigen?

Die Akkumulatoren müssen unbedingt alle sechs Wochen mit der vorgeschriebenen Stromstärke aufgeladen werden, ob Strom während dieser Zeit entnommen wurde oder nicht. Es ist ferner darauf zu achten, daß die Platten mit Schwefelsäure des vorgeschriebenen spezifischen Gewichtes (1,25) bedeckt sind. Tritt ein weißlicher Belag, meist an dem oberen Teil der Platten auf, dann sind sie sulfatiert (kristallinisches Bleisulfat). Manchmal gelingt es noch, durch langsames Laden mit sehr geringen Stromstärken (etwa 0,1 Amp.) unter Einschaltung von Pausen die Sulfatierung wieder rückzubilden. Näheres weisen die Bedienungsvorschriften des Akkumulatorenlieferanten auf. Auf blanke Kontakte bei den Bleiakkumulatorklemmen ist ganz besonderes Augenmerk zu richten. Die Klemmen sollen bis auf die Kontaktfläche selbst immer eingefettet sein. Bereits oxydierte Klemmen können nach Erhitzen mit dem Bunsenbrenner wieder einigermaßen blank gemacht werden. Die Akkumulatoren sind vor Erschütterungen zu bewahren. Sollte Schwefelsäure ausgeschüttet worden oder die Platten nicht mehr genügend mit Säure bedeckt sein, dann soll destilliertes Wasser (einfacher Regenwasser), aber nicht etwa konzentrierte Säure nachgegossen werden. Aerometer benutzen! Die Anodenbatterien haben, wenn reine Materialien verwendet wurden und sie mit Paraffin vergossen sind, eine Lebensdauer von etwa 6—10 Monaten. Allerdings ist dabei vorausgesetzt, daß sie niemals, auch nicht momentweise, unter Kurzschluß gestanden sind. Wird die Verstärkung geringer und die Sprache kreischend unter Zunahme der Nebengeräusche, so sind dies deutliche Zeichen dafür, daß die Spannung der Anodenbatterie nachgelassen bzw. ihr innerer Widerstand infolge Austrocknung zugenommen hat. Solche Batterien können nicht mehr regeneriert werden, wenigstens lohnt sich diese Arbeit nicht.

Tabelle 1. Wellenbereich und Drahtlänge von Wabenspulen. Innerer Durchmesser der Spulen 5 cm, Breite 2 cm, Draht 0,35—0,4 mm Durchmesser, bei Verwendung eines Drehkondensators von 1000 cm oder 0,0011 μF.

Anzahl der Windungen	Wellenbereich in m	Drahtlänge in m
25	130— 250	4
35	180— 450	6
50	250— 700	9
75	400— 1200	14
100	500— 1600	20
150	600— 2500	30
200	1000— 3000	42
250	1200— 4500	50
300	1500— 5500	63
400	2000— 6000	84
500	3000— 7500	115
600	4000—12000	122
750	5000—14000	160
1000	6000—18000	225
1250	10000—22000	280
1500	15000—30000	370

Tabelle 2. Für Flachspulen.

Nr.	Durchmesser des äußeren Kreises in mm (die innern Kreise sind gleich)	Anzahl der Windungen	Wellenlänge m
1	64	32	250— 600
2	80	42	600—1000
3	100	68	740—1260
4	108	75	1040—1600
5	116	80	1600—2600
6	144	130	2600—4160
7	160	160	3600—5000

Tabelle 3. Kondensator parallel.
A. Deutschsprachige Sender.

Sendestelle	Rufzeichen	Wellenlänge	Antennenkreis mit veränderlichem parallelen Kondensator von		Sekundärkreis mit veränderl. parallelen Kondens. von	Abgestimmter Anodenkreis mit veränderl. parallelen Kondens. von	Rückkoppelung auf	
		m	C = 1000 cm	C = 500 cm	C = 500 cm	C = 300 cm	Antenne	Anodenkreis
Berlin I	—	430	35	50	75	75	75	100
Berlin II	—	505	35	50	75	75	75	100
Bremen	—	330	25/35	35/50	50/75	50/75	50/75	57/100
Breslau	—	418	35/25	50/35	75/50	75/50	75/50	100/75
Eberswalde	—	2930	250	300	400	400	250	250
Frankfurt a. M.	—	470	35	50	75	75	75	100
Hamburg	—	395	25	35	50	50	75	75
Königsberg	—	463	35	50	75	75	75	100
Königswusterhausen	LP	2800	250	250	300	300	200	200
Leipzig	—	454	35	50	75	75	75	100
München	—	485	35	50	75	75	75	100
Münster i. W.	—	410	35/25	50/35	75/50	75/50	75/50	100/75
Nürnberg	—	340	25/35	35/50	50/75	50/75	50/75	75/100
Stuttgart	—	443	35	50	75	75	75	100
Wien I	—	530	50	75	100	100	100	150
Zürich	—	515	50	75	100	100	100	150

Tabelle 3. Kondensator parallel.
B. Fremdsprachige Sender.

Sendestelle	Rufzeichen	Wellenlänge	Antennenkreis mit veränderlichem parallelen Kondensator von		Sekundärkreis mit veränderl. paral.elen Kondens. von C = 500 cm	Abgestimmter Anodenkreis mit veränderl. parallelen Kondens. von C = 300 cm	Rückkoppelung auf	
		m	C = 1000 cm	C = 500 cm			Antenne	Anodenkreis
Britischer Rundfunk	—	300/400	25	35	50	50	50	75
„ „	—	300/400	35	50	75	75	75	100
Croydon u. Flugdiensttelephonie	—	900	75	100	150	150	150	200
Paris (École Superieure)	—	458	35	50	75	75	75	100
Paris (Radiola)	SFR	1780	150	150	200	200	100	150
„ Eiffelturm	FL	2600	200	250	300	300	200	200
Lyon	YN	3100	250	300	400	400	250	250
Brüssel (Radio Électrique)	—	410	35	50	75	75	75	100
Brüssel	BAV	1100	100	100	150	150	150	200
Haag	PCGG	1050	100	100	150	150	150	200
IJmuiden	PCMM	1050	100	100	150	150	150	200
Amsterdam	PA5	1050	100	100	150	150	150	200
„ (Vas Diaz)	PCFF	2200	200	250	300	300	200	200
Lyngby	OXE	2400	200	250	300	300	200	200
Prag	PRG	1800	150	150	250	250	100	150
Genf	HB1	1100	100	100	150	150	150	200
Lausanne	HB2	1100	100	100	150	150	150	200
Madrid	—	1650/2200	200	200	250	250	150	200
„ Telegr. Schule	H	400/700	50	50/75	75	75	100	100
Rom	JCD	3200	250	300	400	400	250	250

GPSR Compliance

The European Union's (EU) General Product Safety Regulation (GPSR) is a set of rules that requires consumer products to be safe and our obligations to ensure this.

If you have any concerns about our products, you can contact us on ProductSafety@springernature.com

In case Publisher is established outside the EU, the EU authorized representative is:

Springer Nature Customer Service Center GmbH
Europaplatz 3
69115 Heidelberg, Germany

Batch number: 10682439

Printed by Printforce, the Netherlands